“十四五”普通高等教育本科部委级规划教材

Daxue Wuli Zhishi Yaodian Yu Xiti Jiexi

大学物理知识要点与习题解析

姜海丽　刘志海◎主　编
王　锋　姜　宇　刘晓瑜
刘艳磊　姜富强　李春燕◎副主编
孙伟民　张建中◎主　审

本书资源使用说明

U0845665

中国纺织出版[illegible]

图书在版编目（CIP）数据

大学物理知识要点与习题解析 / 姜海丽，刘志海主编．-- 北京 ：中国纺织出版社有限公司，2025. 2.
（“十四五”普通高等教育本科部委级规划教材）．
ISBN 978-7-5229-2455-7

Ⅰ. 04

中国国家版本馆 CIP 数据核字第 2025FM5642 号

责任编辑：罗晓莉　国　帅　　责任校对：王花妮
责任印制：王艳丽

中国纺织出版社有限公司出版发行
地址：北京市朝阳区百子湾东里 A407 号楼　邮政编码：100124
销售电话：010—67004422　传真：010—87155801
http://www.c-textilep.com
中国纺织出版社天猫旗舰店
官方微博 http://weibo.com/2119887771
鸿博睿特（天津）印刷科技有限公司印刷　各地新华书店经销
2025 年 2 月第 1 版第 1 次印刷
开本：787×1092　1/16　印张：17
字数：287 千字　定价：49. 80 元

凡购本书，如有缺页、倒页、脱页，由本社图书营销中心调换

前言

大学物理是高等教育中一门重要的基础课程，对培养学生的科学素养和创新能力起着重要的作用。要学好大学物理，除课堂教学之外，课外进行一定数量的练习题计算训练，对掌握物理学的知识和基本规律也是非常重要的一个环节。这有助于加深学生对基本概念、基本定律和原理的理解，有助于理论联系实际能力的锻炼，对培养分析问题、解决问题的能力具有极其重要的作用。

本书是依照教育部高等学校物理学与天文学教学指导委员会编制的《理工科类大学物理课程教学基本要求》(2023 年版) 编写的，在解题过程中，我们力求做到思路明晰，解法简捷，突出物理概念和物理模型，注重分析和方法的介绍。

本书的编写宗旨是帮助读者掌握大学物理的基本概念、基本规律。每章按知识要点、典型例题、同步训练题和同步训练题答案四个模块编写，并在最后给出了围绕知识点的100 道练习题，力求使读者深入理解基本内容，熟练掌握解题思路和方法，培养他们的科学素养和学习能力。愿本书能对读者学习大学物理有较大帮助。

全书由哈尔滨工程大学姜海丽统稿，刘志海、姜宇、王锋、刘艳磊、姜富强、刘晓瑜、李春燕等编写，孙伟民、张建中主审。由于时间仓促，编者水平有限，书中错误和不妥之处在所难免，敬请读者指正。

编者

2024 年 10 月

目录

第1部分
振动与波动

笔记

第1章 机械振动

【知识要点】

1.1 简谐振动

1.1.1 简谐振动

弹性力或准弹性力： $F=-kx$

简谐振动微分方程： $\dfrac{d^2x}{dt^2}+\omega^2x=0$, $\omega=\sqrt{\dfrac{k}{m}}$

简谐振动的表达式： $x=A\cos(\omega t+\varphi)$

3个特征量：振幅 A，角频率 ω，初相 φ。

1.1.2 描述简谐振动的基本物理量

振幅：简谐振动物体离开平衡位置的最大位移的绝对值，称作振幅，用 A 表示。振幅决定于振动的能量，单位为 m。

周期：物体作一次完全振动所经历的时间叫作振动的周期，用 T 表示，单位为 s。

频率：单位时间内物体所作完全振动的次数叫作频率，用 ν 表示，单位为 Hz（赫兹）。

角频率：物体在单位时间内所作的完全振动次数的 2π 倍叫作角频率，用 ω 表示，单位是 rad/s（弧度每秒），决定于振动系统的性质，即

$$\omega=\frac{2\pi}{T}=2\pi\nu$$

相位：$(\omega t+\varphi)$ 既决定了振动物体在任意时刻相对平衡位置的位移，也决定了它在该时刻的速度。

初相：在 $t=0$ 时刻，振动系统的相位叫作初相，决定于起始时刻的运动状态。

待定系数 A 和 φ 的确定：已知 $t=0$ 时物体相对平衡位置的位移为 x_0 和速度为 v_0，有

$$A=\sqrt{x_0^2+\frac{v_0^2}{\omega^2}}\ ,\ \varphi=\arctan\left(-\frac{v_0}{\omega x_0}\right)$$

笔记

1.1.3　旋转矢量

旋转矢量：自 Ox 的原点作一矢量 $\boldsymbol{A}$，使它的模等于振动的振幅 A，并使矢量 $\boldsymbol{A}$ 在 Oxy 平面内绕 O 点作逆时针方向的匀速转动，其角速度与振动的角频率 ω 相等。

同相：当两个振动的相位之差 $\Delta\varphi = 2k\pi$（k 为整数）时，称两个振动同相。

反相：当两个振动的相位之差 $\Delta\varphi = (2k+1)\pi$（$k$ 为整数）时，称两个振动反相。

1.1.4　复摆

单摆小角度振动：

$$\frac{\mathrm{d}^2\theta}{\mathrm{d}t^2} + \frac{g}{l}\theta = 0,\ \omega = \sqrt{\frac{g}{l}},\ T = 2\pi\sqrt{\frac{l}{g}}$$

复摆：

$$\frac{\mathrm{d}^2\theta}{\mathrm{d}t^2} + \frac{mgl}{J}\theta = 0,\ \omega = \sqrt{\frac{mgl}{J}},\ T = 2\pi\sqrt{\frac{J}{mgl}}$$

1.1.5　简谐振动的能量

简谐振动系统的动能：

$$E_{\mathrm{k}} = \frac{1}{2}mv^2 = \frac{1}{2}m\omega^2A^2\sin^2(\omega t + \varphi)$$

简谐振动系统的势能：

$$E_{\mathrm{p}} = \frac{1}{2}kx^2 = \frac{1}{2}kA^2\cos^2(\omega t + \varphi)$$

简谐振动系统的总能量：

$$E = E_{\mathrm{k}} + E_{\mathrm{p}} = \frac{1}{2}kA^2$$

1.2　简谐振动的合成

1.2.1　同方向、同频率的简谐振动的合成

合振动仍是频率不变的简谐振动，合振动的振幅和初相由两个分振动的振幅和初相决定。

合位移：

$$x = A\cos(\omega t + \varphi)$$

其中，$A = \sqrt{A_1^2 + A_2^2 + 2A_1A_2\cos(\varphi_2 - \varphi_1)}$，$\tan\varphi = \dfrac{A_1\sin\varphi_1 + A_2\sin\varphi_2}{A_1\cos\varphi_1 + A_2\cos\varphi_2}$

笔记

1.2.2 同方向、不同频率的简谐振动的合成

频率较大而频率之差很小的两个同方向简谐振动合成时，其合振动的振幅时而加强时而减弱的现象叫作拍，即

$$|\nu_2 - \nu_1| \ll (\nu_2 + \nu_1)$$

若 $A_1 = A_2$，合振动方程为

$$x = \left(2A_1\cos 2\pi\frac{\nu_2 - \nu_1}{2}t\right)\cos 2\pi\frac{\nu_2 + \nu_1}{2}t$$

拍频：合振幅变化的频率，即

$$\nu = \nu_2 - \nu_1$$

1.2.3 两个相互垂直简谐振动的合成

同频率的简谐振动的合成：合成运动的轨迹一般为椭圆，其具体形状等决定于两个分简谐振动的相差和振幅。

不同频率的简谐振动的合成：两个分简谐振动的周期为简单整数比时合运动轨迹为李萨如图形。

1.3 阻尼振动、受迫振动和共振

1.3.1 阻尼振动

阻尼振动：由于克服阻力做功，振动系统的振幅随时间而减小的振动叫作阻尼振动。

阻尼振动分类：阻尼振动分为欠阻尼振动、临界阻尼振动和过阻尼振动3种。

1.3.2 受迫振动和共振

受迫振动：振动系统在周期性外力作用下所进行的振动叫作受迫振动。稳态时的振动频率等于周期性外力的频率。

共振：在周期性外力作用下，受迫振动的振幅达到最大值的现象叫作共振。达到共振时的频率叫作共振频率。

【典型例题】

1-1-1 在一轻弹簧下端悬挂 $m_0 = 100$g 的砝码时，弹簧伸长 8cm，现在这根弹簧下端悬挂 $m = 250$g 的物体，构成弹簧振子。将物体从平衡位置向下拉动 4cm，并给以向上的 21cm/s 的初速度（令这时 $t = 0$），选 x 轴向下，求振动方程代数表达式。

解 由题意可知

笔记

$$k=\frac{m_0g}{l}=12.5\text{N/m},\ g=10\text{m/s}^2$$

$$\omega=\sqrt{\frac{k}{m}}=\sqrt{50}=7\text{rad/s}$$

$$A=\sqrt{x_0^2+\frac{v_0^2}{\omega^2}}=5\times10^{-2}\text{m}$$

$$\varphi=\arctan\left(-\frac{v_0}{\omega x_0}\right)=0.64$$

$$x=5\times10^{-2}\cos(7t+0.64)(\text{m})$$

1-1-2　一台摆钟每天快 1.45min，其等效摆长 $l=0.995$m，摆锤可上下移动以调节其周期。假如将此摆当作质量集中在摆锤中心的一个单摆来考虑，则应将摆锤向下移动多少距离，才能使钟走得准确？

解　钟摆周期的相对误差 $\frac{\Delta T}{T}$ 与钟的相对误差 $\frac{\Delta t}{t}$ 相等。

钟摆的周期与单摆的周期等效，即

$$T=2\pi\sqrt{\frac{l}{g}}$$

设重力加速度 g 不变，则

$$2\frac{\mathrm{d}T}{T}=\frac{\mathrm{d}l}{l}$$

$$\Delta l=2l\frac{\Delta t}{t}=2\times0.995\times\frac{87}{24\times60\times60}=2\times10^{-3}\text{m}$$

因此，摆锤应向下移 2.00mm，才能使钟走得准确。

1-1-3　质量 $m=10$g 的小球与轻弹簧组成的振动系统，按 $x=0.5\cos\left(8\pi t+\frac{\pi}{3}\right)$ 的规律作自由振动，式中 t 以秒作单位，x 以厘米为单位，求：Q1：振动的角频率、周期、振幅和初相；Q2：振动的速度、加速度的数值表达式；Q3：振动的能量 E；Q4：平均动能和平均势能。

解　Q1：依题意有

$$\omega=8\pi(\text{rad/s}),\ T=0.25\text{s},\ A=0.5\text{cm},\ \varphi=\frac{\pi}{3}$$

Q2：

$$v=-4\pi\times10^{-2}\sin\left(8\pi t+\frac{\pi}{3}\right)(\text{m/s})$$

$$a=-32\pi^2\times10^{-2}\cos\left(8\pi t+\frac{\pi}{3}\right)(\text{m/s}^2)$$

笔记

Q3: $$E=\frac{1}{2}kA^2=7.90\times10^{-5}\text{J}$$

Q4: $$\bar{E}_k=\frac{1}{T}\int_0^T E_k\text{d}t=\frac{1}{T}\int_0^T\frac{1}{2}mv^2\text{d}t=3.95\times10^{-5}\text{J}$$

$$\bar{E}_p=\frac{1}{T}\int_0^T E_p\text{d}t=\frac{1}{T}\int_0^T\frac{1}{2}kx^2\text{d}t=3.95\times10^{-5}\text{J}$$

1-1-4 一简谐振动的振动曲线如图 1-1-1 所示。求振动方程。

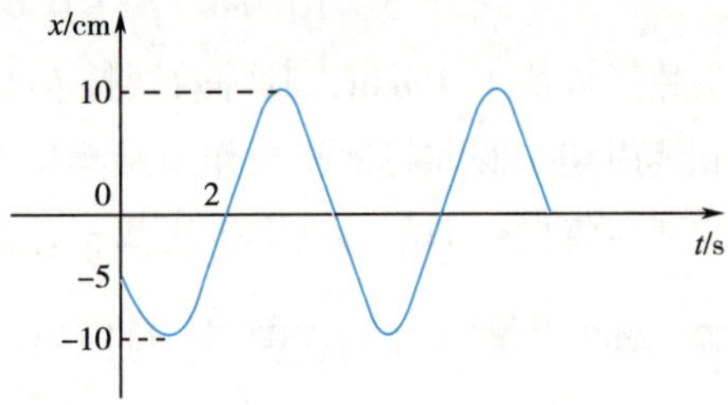

图 1-1-1

解 依题意有

$$A=0.10\text{m},\quad \varphi=\frac{2\pi}{3}$$

由旋转矢量可知，在 2s 内矢量转过的角度为 $\frac{5\pi}{6}$，所以

$$\omega=\frac{5\pi}{12}$$

$$x=0.1\cos\left(\frac{5\pi}{12}t+\frac{2\pi}{3}\right)(\text{m})$$

1-1-5 一定滑轮的半径为 R，转动惯量为 J，其上挂一轻绳，绳的一端系一质量为 m 的物体，另一端与一固定的轻弹簧相连，如图 1-1-2 所示，设弹簧的劲度系数为 k，绳与滑轮间无滑动，且忽略轴的摩擦力及空气阻力，现将物体 m 从平衡位置拉下一微小距离后放手，证明物体作简谐振动，并求出其角频率。

证明 平衡位置 $mg=kx_0$，受力分析如图 1-1-2 所示，则

$$mg-T=ma$$

$$(T-F)R=J\beta$$

$$F=k(x+x_0)$$

$$a=R\beta$$

笔记

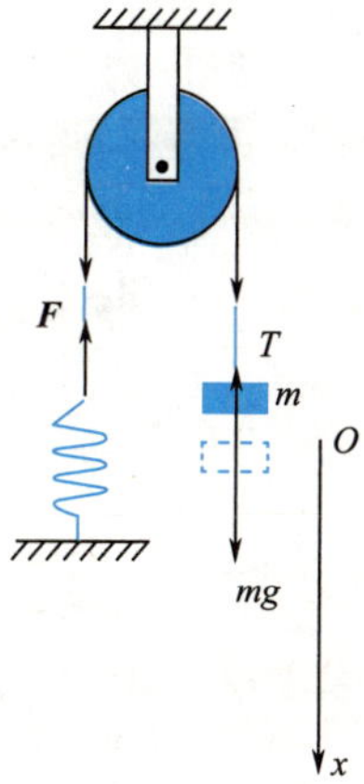

图 1-1-2

解得

$$a = -\frac{kR^2}{mR^2 + J}x$$

$$\frac{\mathrm{d}^2 x}{\mathrm{d}t^2} + \frac{kR^2}{mR^2 + J}x = 0$$

物体作简谐振动，其角频率为

$$\omega = \sqrt{\frac{kR^2}{mR^2 + J}}$$

1-1-6 如图 1-1-3 所示，轻质弹簧的一端固定，另一端系以轻绳，轻绳绕过滑轮连接一质量为 m 的物体，绳在轮上不打滑，使物体上下自由振动。已知弹簧的劲度系数为 k，滑轮的半径为 R，转动惯量 J。Q1：证明物体作简谐振动；Q2：求物体振动周期；Q3：设 $t=0$ 时，弹簧无伸长，物体无初速，写出物体的振动方程。

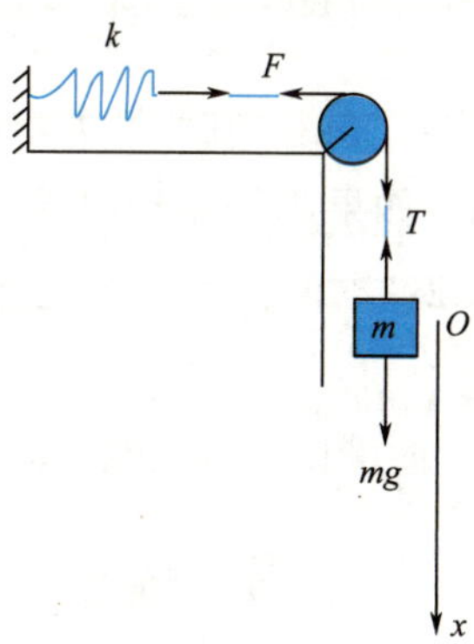

图 1-1-3

笔记

解 Q1：证明：平衡位置有

$$mg = kx_0$$

$$mg - T = ma$$

$$(T - F)R = J\beta$$

$$F = k(x + x_0)$$

$$a = R\beta$$

解得

$$a = -\frac{kR^2}{mR^2 + J}x$$

$$\frac{\mathrm{d}^2x}{\mathrm{d}t^2} + \frac{kR^2}{mR^2 + J}x = 0$$

物体作简谐振动。

Q2：由 Q1 可求振动源频率为

$$\omega = \sqrt{\frac{kR^2}{mR^2 + J}}$$

周期为

$$T = \frac{2\pi}{\omega} = 2\pi\sqrt{\frac{mR^2 + J}{kR^2}}$$

Q3：依题意，$t=0$ 时有

$$x_0 = -\frac{mg}{k},\quad v_0 = 0$$

所以

$$A = x_0 = \frac{mg}{k},\quad \varphi = \pi$$

振动方程为

$$x = \frac{mg}{k}\cos\left(\sqrt{\frac{kR^2}{mR^2 + J}}t + \pi\right)$$

1-1-7 一物体质量为 0.25kg，在弹性力作用下作简谐振动，弹簧的劲度系数 $k=25\text{N/m}$，如果起始振动时具有势能 0.06J 和动能 0.02J，求：Q1：振幅；Q2：动能恰等于势能时的位移；Q3：经过平衡位置时物体的速度。

解 Q1：简谐振动机械能守恒，所以

$$E = E_k + E_p = \frac{1}{2}kA^2,\ A = 0.08\text{m}$$

Q2：依题意，有

笔记

$$2\times\frac{1}{2}kx^2=0.08,\ x=0.057\text{m}$$

Q3：
$$\frac{1}{2}mv^2=0.08,\ v=\pm0.8\text{m/s}$$

1-1-8　一物体作简谐振动，其速度最大值 $v_m=3\text{cm/s}$，其振幅 $A=2\text{cm}$。若 $t=0$ 时，物体位于平衡位置且向 x 轴的负方向运动。求：Q1：振动周期；Q2：加速度的最大值；Q3：振动方程的表达式。

解　Q1：$v_m=A\omega$，$\omega=\dfrac{3}{2}$，$T=\dfrac{2\pi}{\omega}=\dfrac{4\pi}{3}=4.19\text{s}$

Q2：
$$a_m=A\omega^2=4.5\times10^{-2}\text{m/s}^2$$

Q3：由旋转矢量可知

$$\varphi=\frac{\pi}{2}$$

$$x=0.02\cos\left(1.5t+\frac{\pi}{2}\right)(\text{m})$$

1-1-9　一弹簧振子作简谐振动，振幅 $A=0.20\text{m}$。如弹簧的劲度系数 $k=2.0\text{N/m}$，所系物体的质量 $m=0.50\text{kg}$，试求：Q1：当动能和势能相等时，物体的位移；Q2：设 $t=0$ 时，物体在正最大位移处，达到动能和势能相等时所需时间是多少（在一个周期内）？

解　Q1：
$$2\times\frac{1}{2}kx^2=\frac{1}{2}kA^2$$

$$x=0.141\text{m}$$

Q2：依题意有

$$\omega=\sqrt{\frac{k}{m}}=2,\quad x=0.2\cos2t(\text{m})$$

动能与势能相等时有

$$x=A\cos2t=\pm\frac{\sqrt{2}}{2}A$$

$$t=\frac{\pi}{8}\text{s},\ t=\frac{3\pi}{8}\text{s},\ t=\frac{5\pi}{8}\text{s},\ t=\frac{7\pi}{8}\text{s}$$

1-1-10　一质点同时参与两个同方向的简谐振动，其振动方程分别是 $x_1=5\times10^{-2}\cos\left(4t+\dfrac{\pi}{3}\right)$（SI），$x_2=3\times10^{-2}\sin\left(4t-\dfrac{\pi}{6}\right)$（SI）。试画出两振动的旋转矢量图，并求合振动的振动方程。

解
$$x_1=5\times10^{-2}\cos\left(4t+\frac{\pi}{3}\right)$$

笔记

$$x_2 = 3 \times 10^{-2}\sin\left(4t - \frac{\pi}{6}\right) = 3 \times 10^{-2}\cos\left(4t - \frac{2\pi}{3}\right)$$

旋转矢量图如图 1-1-4 所示，可知

$$\varphi = \frac{\pi}{3},\ A = 2 \times 10^{-2}$$

所以

$$x = 2 \times 10^{-2}\cos\left(4t + \frac{\pi}{3}\right)\text{(m)}$$

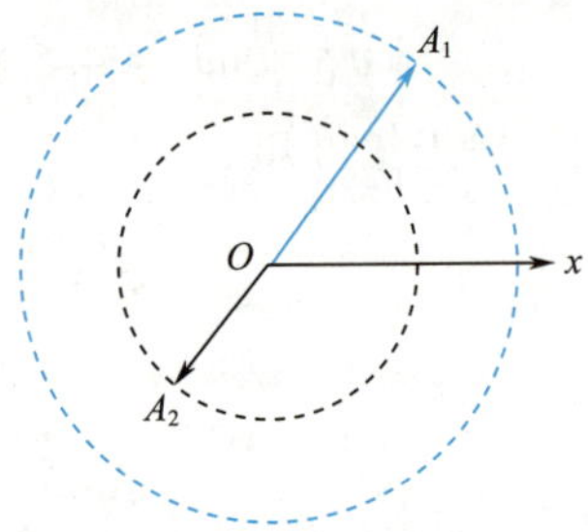

图 1-1-4

【同步训练题】

（1）如图 1-1-5 所示，劲度系数为 k 的弹簧一端固定在墙上，另一端连接一质量为 M 的容器，容器可在光滑水平面上运动。当弹簧未变形时容器位于 O 处，现使容器自 O 点左侧 l_0 处从静止开始运动，每经过 O 点一次，从上方滴管中滴入一质量为 m 的油滴。求：Q1：容器中滴入 n 滴油滴后，容器运动到距 O 点的最远距离；Q2：容器滴入第（n+1）滴与第 n 滴的时间间隔。

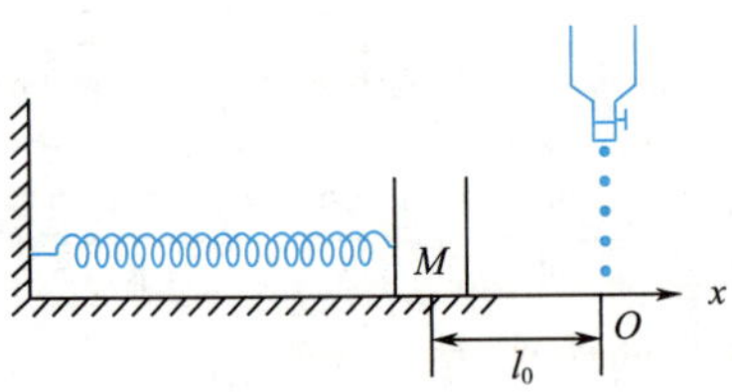

图 1-1-5

（2）如图 1-1-6 所示，有一水平弹簧振子，弹簧的劲度系数 $k=24\text{N/m}$，重物的质量 $m=6\text{kg}$，重物静止在平衡位置上。设以一水平恒力 $F=10\text{N}$ 向左作用于物体（不计摩擦），使之由平衡位置向左运动 0.05m 时撤去力 $\boldsymbol{F}$。当重物运动到左方最远位置时开始计时，求物体的运动方程。

笔记

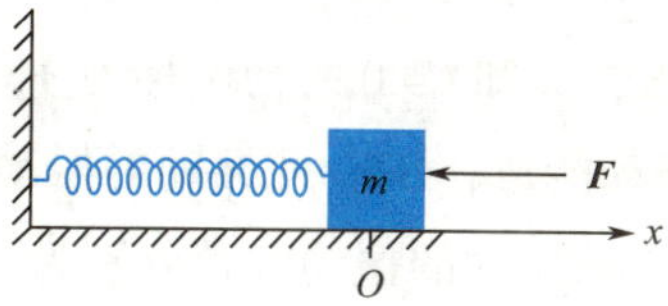

图 1-1-6

（3）在一竖直轻弹簧的下端悬挂一小球，弹簧被拉长 $l_0=1.2\text{cm}$ 而平衡。再经拉动后，该小球在竖直方向作振幅为 $A=2\text{cm}$ 的振动。Q1：试证此振动为简谐振动；Q2：选小球在正向最大位移处开始计时，写出此振动的数值表达式。

（4）一质量为 0.20kg 的质点作简谐振动，其振动方程为 $x=0.6\cos(5\pi t-\frac{1}{2}\pi)$ (SI)。求：Q1：质点的初速度；Q2：质点在正向最大位移一半处所受的力。

（5）一质点作简谐振动，其振动方程为 $x=0.06\cos(\frac{1}{3}\pi t-\frac{1}{4}\pi)$ (SI)。求：Q1：当 x 值为多大时，系统的势能为总能量的一半；Q2：质点从平衡位置移动到上述位置所需最短时间为多少？

（6）一轻弹簧在 60N 的拉力下伸长 30cm。先把质量为 4kg 的物体悬挂在该弹簧的下端并使之静止，再把物体向下拉 10cm，然后由静止释放并开始计时。求：Q1：物体的振动方程；Q2：物体在平衡位置上方 5cm 时弹簧对物体的拉力；Q3：物体从第一次越过平衡位置时刻起到它运动到上方 5cm 处所需要的最短时间。

（7）一木板在水平面上作简谐振动，振幅是 12cm，在距平衡位置 6cm 处速率是 24cm/s。如果一小物块置于振动木板上，由于静摩擦力的作用，小物块和木板一起运动（振动频率不变），当木板运动到最大位移处时，物块正好开始在木板上滑动，求物块与木板之间的静摩擦系数 μ 为多少？

（8）一质点在 x 轴上作简谐振动，如图 1-1-7 所示。选取该质点向右运动通过 A 点时作为计时起点（ $t=0$ ），经 2 秒后质点第一次经过 B 点，再经 2s 后质点第二次经过 B 点，已知该质点在 A、B 两点具有相同的速率，且 $\overline{AB}=10\text{cm}$。求：Q1：质点的振动方程；Q2：质点在 A 点处的速率。

图 1-1-7

笔记

(9) 一弹簧振子沿 x 轴作简谐振动（弹簧为原长时振动物体的位置取作 x 轴原点）。已知振动物体最大位移为 $x_{max}=0.4\text{m}$，最大恢复力为 $F_{max}=0.8\text{N}$，最大速度为 $v_{max}=0.8\pi\text{m/s}$，又知 $t=0$ 的初位移为 $+0.2\text{m}$，且初速度与所选 x 轴方向相反。求：Q1：振动能量；Q2：此振动的振动方程。

(10) 两个同方向的简谐振动的振动方程分别为

$$x_1=4\times10^{-2}\cos2\pi(t+\frac{1}{8})\ (\text{SI}),\ x_2=3\times10^{-2}\cos2\pi(t+\frac{1}{4})\ (\text{SI})。$$

求合振动方程。

【同步训练题答案】

(1) Q1: $x=\sqrt{\frac{M}{M+nm}}l_0$；Q2: $\Delta t_n=\pi\sqrt{\frac{M+nm}{k}}$

(2) $x=0.204\cos(2t+\pi)$ (SI)

(3) Q1: $\frac{d^2x}{dt^2}+\omega^2x=0$；Q2: $x=2\times10^{-2}\cos(9.1\pi t)$

(4) Q1: $v_0=3.0\text{m/s}$；Q2: $F=-1.5\text{N}$

(5) Q1: $x=\pm4.24\times10^{-2}\text{m}$；Q2: $\Delta t=0.75\text{s}$

(6) Q1: $x=0.1\cos(7.07t)$ (SI)；Q2: $N=29.2\text{N}$；Q3: $t=0.074\text{s}$

(7) $\mu=0.0653$

(8) Q1: $x=5\sqrt{2}\times10^{-2}\cos(\frac{\pi t}{4}-\frac{3\pi}{4})$ (m)；Q2: $v=3.93\times10^{-2}\text{m/s}$

(9) Q1: $E=0.16\text{J}$；Q2: $x=0.4\cos(2\pi t+\frac{1}{3}\pi)\cos(2\pi t+\frac{1}{3}\pi)$ (m)

(10) $x=6.48\times10^{-2}\cos(2\pi t+1.12)$ (m)

第2章 机械波

笔记

【知识要点】

2.1 机械波的形成及描述量

机械波产生的条件：波源和具有相互作用的弹性介质。

横波：质点振动方向与波的传播方向相互垂直的波。

纵波：质点振动方向与波的传播方向相互平行的波。

波线：沿波的传播方向画出的一些带箭头的直线。

波面：不同波线上相位相同的点所连成的曲面。

波前：在某一时刻，由波源最初振动状态传到的各点所连成的曲面。

波长、波的周期（或频率）和波速都是描述波动的重要物理量。

波长：沿波传播方向，两个相邻的、相位差为 2π 的振动质点之间的距离，即一个完整波形的长度，用 λ 表示。

波的周期：波前进一个波长的距离所需要的时间，用 T 表示。

波的频率：单位时间内波所传播的完整波的数目，用 ν 表示，即

$$\nu=\frac{1}{T}$$

波速：在波动过程中，某一振动状态（即振动相位）在单位时间内所传播的距离，用 u 表示，即

$$u=\frac{\lambda}{T},\ u=\lambda\nu$$

波速由介质决定，波的频率由波源决定，二者共同决定波长。

固体、液体和气体中的波速：固体内横波和纵波的传播速度分别为

$$u=\sqrt{\frac{G}{\rho}}\ (\text{横波}),\ u=\sqrt{\frac{E}{\rho}}\ (\text{纵波})$$

式中，G、E 和 ρ 分别为固体的切变模量、弹性模量和密度。

液体和气体内纵波的传播速度为

$$u=\sqrt{\frac{K}{\rho}}\ (\text{纵波})$$

笔记

式中，K 为体积模量。

2.2 平面简谐波的波函数

2.2.1 平面简谐波的波函数

平面简谐波的波函数：

$$y = A\cos\omega\left[\left(t \mp \frac{x}{u}\right) + \varphi\right] = A\cos\left[2\pi\left(\frac{t}{T} \mp \frac{x}{\lambda}\right) + \varphi\right]$$
$$= A\cos(\omega t \mp kx + \varphi)$$

式中，“-”代表右行波；“+”代表左行波；k 为波数，$k = \dfrac{2\pi}{\lambda}$。

2.2.2 波函数的物理意义

质元固定：描述给定点的简谐振动，即波动方程兼容振动方程。

时间固定：描述波动传播的各点离开自身平衡位置的位移分布，即波形图。

位置、时间都改变：描述波的传播方向的各点位移随时间变化的整体情况，即变化规律。

2.3 波的能量

2.3.1 波动能量的传播

机械波传播过程中，对介质的任一体积元，它的机械能是不守恒的。波动是能量的一种传递方式。

波的能量密度：介质中单位体积中的能量，即

$$w = \rho A^2\omega^2\sin^2\omega\left(t - \frac{x}{u}\right)$$

平均能量密度：介质中任一点处波的能量密度在一个周期内的平均值，即

$$\bar{w} = \frac{1}{2}\rho A^2 w^2$$

2.3.2 波动的能流和能流密度

能流：单位时间内通过垂直于波传播方向的某一面积的能量，即

$$P = wuS$$

平均能流：
$$\bar{P} = \bar{w}uS$$

能流密度：垂直通过单位面积的平均能流，也称为波的强度，即

$$I = \bar{w}u = \frac{1}{2}\rho A^2 w^2 u$$

笔记

2.3.3　声强和声强级

声强：声波的能流密度。

声强级：声强与声强标准比值的常用对数值，即

$$L_I = 10\lg \frac{I}{I_0}$$

2.3.4　波的吸收

波在媒质传播时，因其吸收部分能量而使波的振幅减小、强度减弱的现象，即

$$A = A_0 e^{-\alpha x},\ I = I_0 e^{-2\alpha x}$$

2.4　波的衍射、惠更斯原理和折射定律

衍射：波在传播过程中遇到障碍物时，波前形状发生变化并绕过障碍物边缘传播的现象。

惠更斯原理：介质中波动传播到的各点都可以看作是发射子波的波源，而在其后的任意时刻，这些子波的包迹就是新的波面。

折射定律：
$$\frac{\sin i}{\sin \gamma} = \frac{u_1}{u_2} = n_{21}$$

2.5　波的干涉

2.5.1　波的叠加原理

几列波相遇后，仍然保持它们各自原有的特征（频率、波长、振幅、振动方向等）不变，并按照原来的方向继续前进，好像没有遇到过其他波一样。

在相遇区域内任一点的振动，为各列波单独存在时在该点所引起的振动位移的矢量和。

2.5.2　波的干涉

频率相同、振动方向平行、相位相同或相位差恒定的两列波相遇时，使某些地方振动始终加强，而使另一些地方振动始终减弱的现象叫作波的干涉。

相干条件：频率相同；振动方向平行；相位相同或相位差恒定。

干涉加强条件：

$$\Delta\varphi = \varphi_2 - \varphi_1 - 2\pi \frac{r_2 - r_1}{\lambda} = \pm 2k\pi,\ k = 0, 1, 2, \cdots$$

当两相干波源的初相相同时，上述条件可简化为

$$\delta = r_2 - r_1 = \pm k\lambda,\ k = 0, 1, 2, \cdots$$

干涉减弱条件：

$$\Delta\varphi = \varphi_2 - \varphi_1 - 2\pi \frac{r_2 - r_1}{\lambda} = \pm (2k + 1)\pi,\ k = 0, 1, 2, \cdots$$

笔记

当两相干波源的初相相同时，上述条件可简化为

$$\delta = r_2 - r_1 = \pm(2k+1)\frac{\lambda}{2},\ k=0,\ 1,\ 2,\ \cdots$$

2.6 驻波

两列相位差恒定，频率、振动方向和振幅都相同而传播方向相反的简谐波叠加形成驻波，其表达式为

$$y = 2A\cos\left(\frac{2\pi}{\lambda} + \varphi_1\right)\cos(\omega t + \varphi_2)$$

它实际上是稳定的分段振动，有波节和波腹。

2.7 多普勒效应

如果波源或观察者或两者都相对于介质运动，那么观察者接收到的频率与波源发出的频率就不相同，这种现象叫做多普勒效应。

2.7.1 波源相对于介质不动

观察者相对介质以速度 v_0 运动，观察者接收到的频率为

$$\nu' = \frac{u \pm v_0}{u}\nu$$

2.7.2 观测者相对于介质不动

波源相对介质以速度 v_s 运动，观察者接收到的频率为

$$\nu' = \frac{u}{u \mp v_s}\nu$$

2.7.3 观察者和波源相对介质同时运动

观察者接收到的频率为

$$\nu' = \frac{u \pm v_0}{u \mp v_s}\nu$$

式中，观察者向着波源运动时，v_0 前取正号，远离时取负号；波源向着观察者运动时，v_s 前取负号，远离时取正号。

【典型例题】

1-2-1 一简谐波沿 x 轴负方向传播，波速为 1m/s，在 x 轴上某质点的振动频率为 1Hz，振幅为 0.01m。$t=0$ 时该质点恰好在正向最大位移处。若以该质点的平衡位置为 x 轴的原点，求此一维简谐波的表达式。

解 依题意有

$$\varphi = 0,\ A = 0.01\text{m},\ \nu = 1\text{Hz},\ u = 1\text{m/s}$$

$$y = 0.01\cos(2\pi t + 2\pi x)\,(\mathrm{m})$$

笔记

1-2-2 如图 1-2-1 所示，一平面简谐波在 $t=0$ 时刻的波形图，已知波速 $u=20\mathrm{m/s}$。试画出 P 处质点与 Q 处质点的振动曲线，然后写出相应的振动方程。

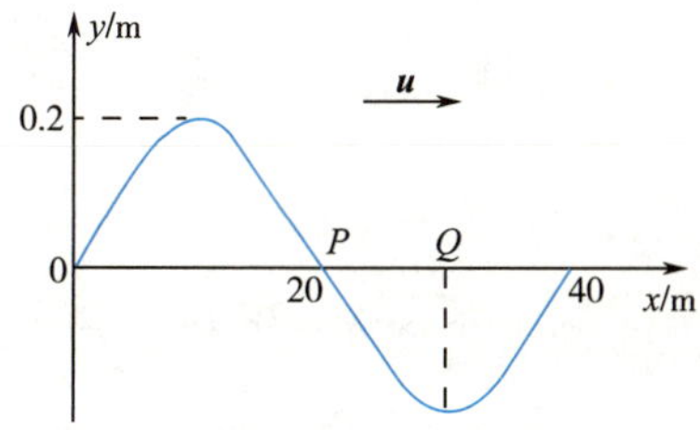

图 1-2-1

解　依题意有

$$A = 0.2\mathrm{m},\quad \lambda = 40\mathrm{m},\quad \varphi = \frac{\pi}{2},\quad T = 2\mathrm{s}$$

波动方程为

$$y = 0.2\cos\left(\pi t - \frac{\pi x}{20} + \frac{\pi}{2}\right)(\mathrm{m})$$

P 点振动方程为

$$y_P = 0.2\cos\left(\pi t - \frac{\pi}{2}\right)(\mathrm{m})$$

Q 点振动方程为

$$y_Q = 0.2\cos(\pi t - \pi)\,(\mathrm{m})$$

P，Q 两点的振动曲线如下图所示。

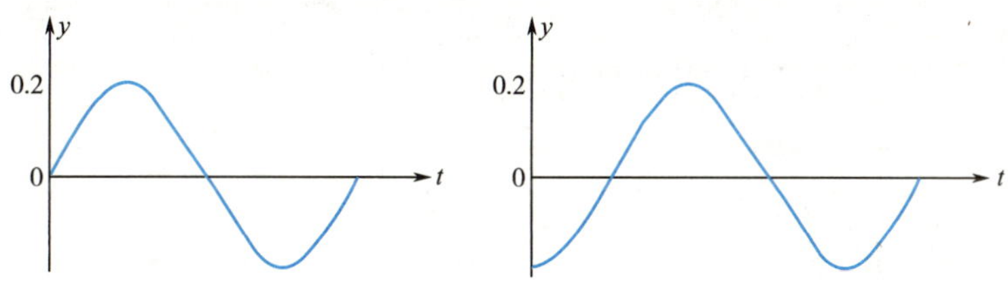

1-2-3 已知一沿 x 轴负方向传播的平面余弦波，在 $t=\dfrac{1}{3}\,s$ 时的波形如图 1-2-2 所示，且周期 $T=2\mathrm{s}$。Q1：写出 O 点的振动方程；Q2：写出该波的波动方程；Q3：写出 Q 点的振动方程；Q4：Q 点离 O 点的距离多大？

笔记

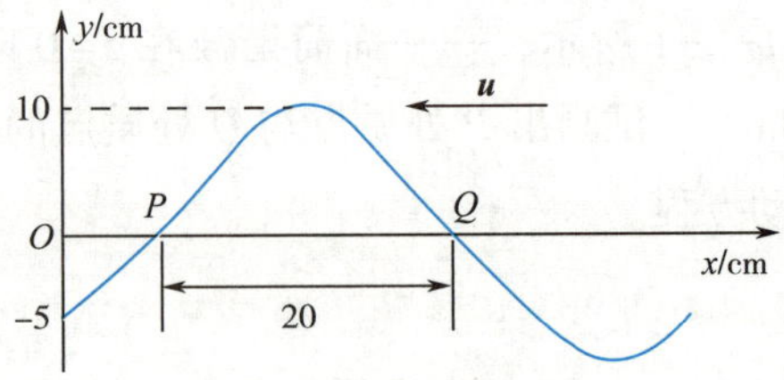

图 1-2-2

解 依题意有

$$\lambda = 0.4\text{m},\quad A = 0.1\text{m}$$

Q1：设 O 点振动方程为 $y_O = 0.1\cos(\pi t + \varphi_O)$，则 $t = \dfrac{1}{3}$ s 时有

$$\cos\left(\frac{\pi}{3} + \varphi_0\right) = -\frac{1}{2}$$

利用旋转矢量可知

$$\frac{\pi}{3} + \varphi_O = -\frac{2\pi}{3}$$

所以

$$\varphi_O = -\pi$$

O 点振动方程为

$$y_O = 0.1\cos(\pi t - \pi)\,(\text{m})$$

Q2：依题意该波波动方程为

$$y = 0.1\cos(\pi t + 5\pi x - \pi)\,(\text{m})$$

Q3：设 Q 点振动方程为 $y_Q = 0.1\cos(\pi t + \varphi_Q)$，则 $t = \dfrac{1}{3}$ s 时有

$$\cos\left(\frac{\pi t}{3} + \varphi_Q\right) = 0$$

利用旋转矢量可知

$$\frac{\pi}{3} + \varphi_O = \frac{\pi}{2}$$

所以

$$\varphi_Q = \frac{\pi}{6}$$

Q 点振动方程为

$$y_Q = 0.1\cos\left(\pi t + \frac{\pi}{6}\right)(\text{m})$$

由波动方程可知 $t=0$ 时有

笔记

$$5\pi x - \pi = \frac{\pi}{6}$$

$$x = 0.233\text{m}$$

1-2-4 一平面简谐纵波沿着线圈弹簧传播，设波沿着 x 轴正向传播，弹簧中某圈的最大位移为 3.0cm，振动频率为 25Hz，弹簧中相邻两疏部中心的距离为 24cm，当 $t=0$ 时，$x=0$ 处质元的位移为零并向 x 轴正向运动。试写出该波的波动方程。

解　依题意有

$$A = 0.03\text{m},\quad \nu = 25\text{Hz},\quad \lambda = 0.24\text{m},\quad \varphi = \frac{3\pi}{2}$$

波动方程为

$$y = 0.03\cos\left(50\pi t - \frac{25\pi x}{3} + \frac{3\pi}{2}\right)(\text{m})$$

1-2-5 一振幅为 10cm，波长为 200cm 的一维余弦波。沿 x 轴正方向传播，波速为 100cm/s，在 $t=0$ 时原点处质点开始从平衡位置沿正位移方向运动。求：Q1：原点处质点的振动方程；Q2：在 $x=150$cm 处质点的振动方程。

解　依题意有

$$A = 0.01\text{m},\quad T = 2\text{s},\quad \lambda = 2\text{m},\quad \varphi = \frac{3\pi}{2}$$

波动方程为

$$y = 0.01\cos\left(\pi t - \pi x + \frac{3\pi}{2}\right)(\text{m})$$

Q1：
$$y = 0.01\cos\left(\pi t + \frac{3\pi}{2}\right)(\text{m})$$

Q2：
$$y = 0.01\cos(\pi t)(\text{m})$$

1-2-6 一弹性波在介质中以速度 $u=10^3\text{m/s}$ 传播，振幅 $A=1.0\times10^{-4}\text{m}$，频率 $\nu=10^3\text{Hz}$，若介质的密度为 800kg/m^3。求：Q1：该波的平均能流密度；Q2：1min 内垂直通过面积 $S=4\times10^{-4}\text{m}^2$ 的总能量。

解　Q1：
$$I = \frac{1}{2}\rho A^2\omega^2 u = 1.58\times10^5\text{J/m}^2\text{s}$$

Q2：
$$E = ISt = 3.79\times10^3\text{J}$$

1-2-7 如图 1-2-3 所示，两列平面简谐相干横波在两种不同的媒质中传播，在分界面上的 P 点相遇。频率 $\nu = 100\text{Hz}$，振幅 $A_1 = A_2 = 1.00\times10^{-3}\text{m}$，$S_1$ 的位相比 S_2 的位相超前 $\frac{\pi}{2}$，在媒质 1 中波速 $u_1=400\text{m/s}$，

笔记

在媒质 2 中的波速 $u_2 = 500\text{m/s}$，$S_1P = r_1 = 4.00\text{m}$，$S_2P = r_2 = 3.75\text{m}$，求 P 点的合振幅。

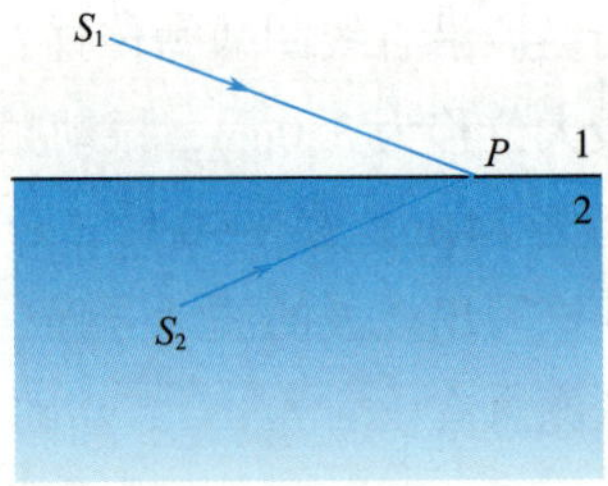

图 1-2-3

解
$$A = \sqrt{A_1^2 + A_2^2 + 2A_1A_2\cos\Delta\varphi}$$

$$\Delta\varphi = \varphi_2 - \varphi_1 - 2\pi\nu\left(\frac{r_2}{u_2} - \frac{r_1}{u_1}\right)$$

所以

$$A = 2.00 \times 10^{-3}\text{m}$$

1-2-8 如图 1-2-4（a）所示，原点 O 是波源，振动方向垂直于纸面，波长是 λ，AB 为波的反射平面，反射时无相位突变。O 点位于 A 点的正上方，$\overline{AO} = h$，Ox 轴平行于 AB。求 Ox 轴上干涉加强点的坐标（限于 $x \geqslant 0$）。

解 如图 1-2-4（b）所示，由干涉加强的条件得

$$\delta = 2\sqrt{\left(\frac{x}{2}\right)^2 + h^2} - x = k\lambda,\quad k = 1,\ 2,\ \cdots$$

$$x = \frac{4h^2 - k^2\lambda^2}{2k\lambda},\quad k = 1,\ 2,\ \cdots < \frac{2h}{\lambda}$$

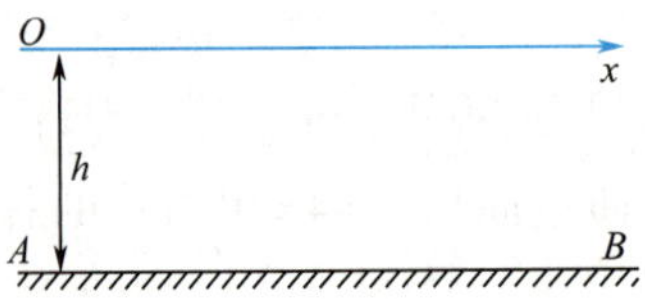

（a）

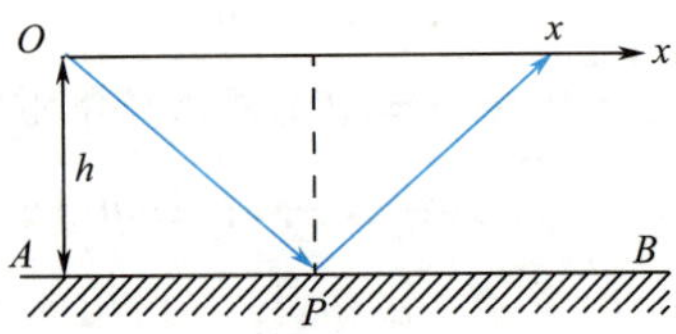

（b）

图 1-2-4

1-2-9 在绳上传播的入射波方程为 $y_1 = A\cos\left(\omega t + \frac{2\pi x}{\lambda}\right)$，入射波在 $x = 0$ 处绳端反射，反射端为固定端，设反射波不衰减，求驻波方程。

笔记

解　依题意，反射波动方程为

$$y_2 = A\cos\left(\omega t - \frac{2\pi x}{\lambda} + \pi\right)$$

驻波方程为

$$y = y_1 + y_2 = 2A\cos\left(\frac{2\pi x}{\lambda} - \frac{\pi}{2}\right)\cos\left(\omega t + \frac{\pi}{2}\right)$$

1-2-10　如图 1-2-5 所示，一平面简谐波沿 x 轴正方向传播，BC 为波密媒质的反射面。波由 P 点反射，$\overline{OP} = \frac{3\lambda}{4}$，$\overline{DP} = \frac{\lambda}{6}$。在 $t=0$ 时，O 处质点的合振动是经过平衡位置向负方向运动。求 D 点处入射波与反射波的合振动方程（设入射波和反射波的振幅皆为 A，频率为 ν）。

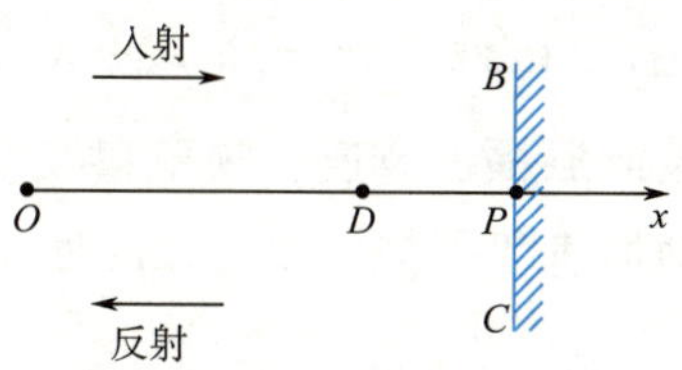

图 1-2-5

解　入射波动方程为

$$y_1 = A\cos\left(2\pi\nu t - \frac{2\pi x}{\lambda} + \varphi_0\right)$$

反射波动方程为

$$y_2 = A\cos\left[2\pi\nu t + \varphi_0 - \frac{2\pi}{\lambda}\overline{OP} + \pi - \frac{2\pi}{\lambda}(\overline{OP} - x)\right]$$

$$= A\cos\left(2\pi\nu t + \frac{2\pi x}{\lambda} + \varphi_0\right)$$

合振动方程为

$$y = y_1 + y_2 = 2A\cos\frac{2\pi x}{\lambda}\cos(2\pi\nu t + \varphi_0)$$

依题意有

$$t = 0\text{ 时},\ y = 0,\ \frac{\mathrm{d}y}{\mathrm{d}t} < 0$$

所以

$$\varphi_0 = \frac{\pi}{2}$$

合振动方程为

笔记

$$y = 2A\cos\frac{2\pi x}{\lambda}\cos\left(2\pi\nu t + \frac{\pi}{2}\right)$$

当 $\overline{DP} = \frac{\lambda}{6}$ 时, $x = \overline{OP} - \overline{DP} = \frac{7\lambda}{12}$，代入合振动方程有

$$y = -\sqrt{3}A\cos\left(2\pi\nu t + \frac{\pi}{2}\right)$$

【同步训练题】

(1) 已知一平面简谐波的表达式为 $y = A\cos\pi(4t + 2x)$ (SI)。求：Q1：该波的波长 λ 、频率 ν 和波速 $\boldsymbol{u}$ 的值；Q2：写出 $t = 4.2$s 时各波峰位置的坐标表达式，并求出此时离坐标原点最近的波峰的位置；Q3：求 $t = 4.2$s 时离坐标原点最近的波峰通过坐标原点的时刻 t。

(2) 一横波沿绳子传播，其波的表达式为 $y = 0.05\cos(100\pi t - 2\pi x)$ (SI)。求：Q1：此波的振幅、波速、频率和波长；Q2：绳子上各质点的最大振动速度和最大振动加速度；Q3：$x_1 = 0.2$m 处和 $x_2 = 0.7$m 处二质点振动的相位差。

(3) 一波长为 λ 的简谐波沿 Ox 轴正方向传播，在 $x = \frac{1}{2}\lambda$ 的 P 处质点的振动方程是 $y_P = \left(\frac{\sqrt{3}}{2}\sin\omega t - \frac{1}{2}\cos\omega t\right) \times 10^{-2}$ (SI)。求：该简谐波的表达式。

(4) 如图 1-2-6 所示，一平面波在介质中以波速 $u = 20$m/s 沿 x 轴负方向传播，已知 A 点的振动方程为 $y = 3 \times 10^{-2}\cos 4\pi t$ (SI)。求：Q1：以 A 点为坐标原点，写出波的表达式；Q2：以距 A 点 5m 处的 B 点为坐标原点，写出波的表达式。

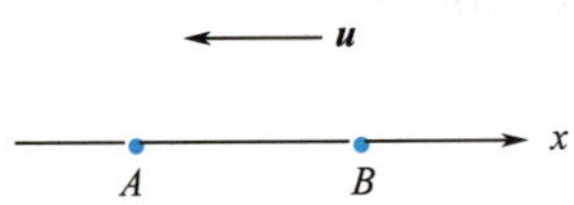

图 1-2-6

(5) 如图 1-2-7 所示，一平面简谐波沿 Ox 轴的负方向传播，波速为 $\boldsymbol{u}$，若 P 处介质质点的振动方程为 $y_P = A\cos(\omega t + \varphi)$ 。求：Q1：O 点处质点的振动方程；Q2：该波的波动表达式；Q3：与 P 点处质点振动状态相同的点的位置。

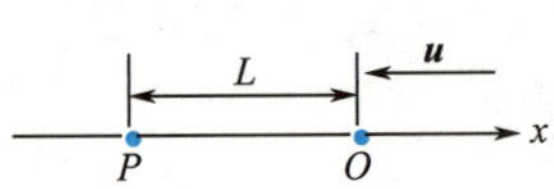

图 1-2-7

笔记

（6）如图 1-2-8 所示，一平面简谐波在 $t=0$ 时刻的波形图，波的传播速度为 0.08m/s。求：Q1：该波的波动表达式；Q2：P 点处质点的振动方程。

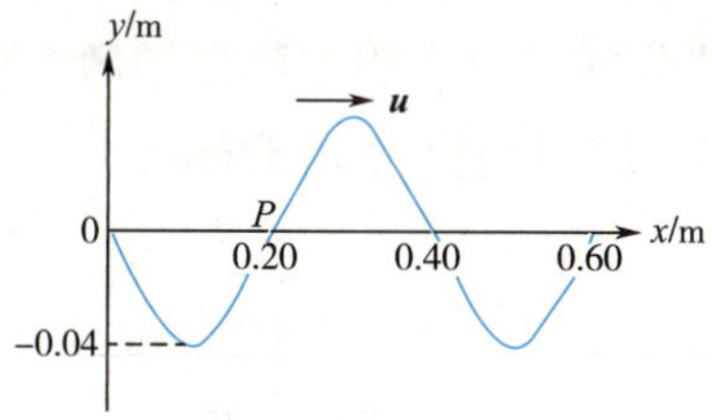

图 1-2-8

（7）如图 1-2-9 所示，两相干波源在 x 轴上的位置为 S_1 和 S_2，其间距 $d=30\text{m}$，S_1 位于坐标原点 O。设波只沿 x 轴正方向传播，单独传播时强度保持不变。$x_1=9\text{m}$ 和 $x_2=12\text{m}$ 处的两点是相邻的因干涉而静止的点。求两波的波长和两波源间最小相位差。

图 1-2-9

（8）如图 1-2-10 所示，S_1、S_2 为两平面简谐波相干波源。S_2 的相位比 S_1 的相位超前 $\frac{\pi}{4}$，波长 $\lambda=8.00\text{m}$，$r_1=12.0\text{m}$，$r_2=14.0\text{m}$，S_1 在 P 点引起的振动振幅为 0.30m，S_2 在 P 点引起的振动振幅为 0.20m，求 P 点的合振幅。

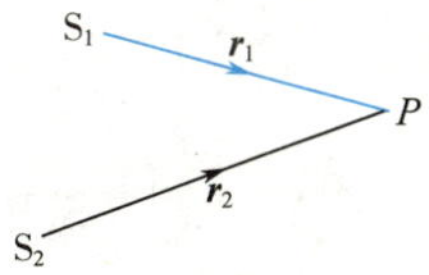

图 1-2-10

（9）一平面简谐波沿 Ox 轴正方向传播，波的表达式为 $y=A\cos2\pi\left(\nu t-\frac{x}{\lambda}\right)$，而另一平面简谐波沿 Ox 轴负方向传播，波的表达式为 $y=2A\cos2\pi\left(\nu t+\frac{x}{\lambda}\right)$。求：Q1：$x=\frac{\lambda}{4}$ 处介质质点的合振动方程；Q2：$x=\frac{\lambda}{4}$ 处介质质点的速度表达式。

（10）如图 1-2-11 所示，两列波长均为 λ 的相干简谐波分别通过图中的

笔记

O_1 和 O_2 点，通过 O_1 点的简谐波在 M_1M_2 平面反射后，与通过 O_2 点的简谐波在 P 点相遇。假定波在 M_1M_2 平面反射时有相位突变 π。O_1 和 O_2 两点的振动方程为 $y_{10}=A\cos(\pi t)$ 和 $y_{20}=A\cos(\pi t)$，且 $\overline{O_1m}+\overline{mP}=8\lambda$，$\overline{O_2P}=3\lambda$（$\lambda$ 为波长），求：Q1：两列波分别在 P 点引起的振动的方程；Q2：P 点的合振动方程（假定两列波在传播或反射过程中均不衰减）。

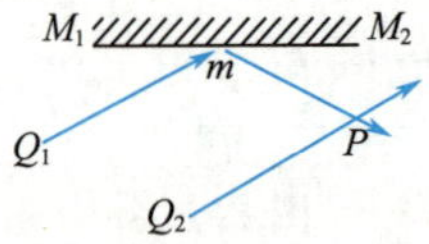

图 1-2-11

【同步训练题答案】

（1）Q1：$\lambda=1$，$\nu=2\text{Hz}$，$u=2\text{m/s}$；

Q2：$x=k-8.4$，$k=0$，±1，±2，$\cdots$；$x=-0.4$；Q3：$t=4\text{s}$

（2）Q1：$A=0.05\text{m}$，$\nu=50\text{Hz}$，$\lambda=1.0\text{m}$，$u=\lambda\nu=50\text{m/s}$；

Q2：$v_{max}=15.7\text{m/s}$；$a_{max}=4.93\times10^3\ \text{m/s}^2$；

Q3：$\Delta\varphi=\pi$，二振动反相

（3）$y=1\times10^{-2}\cos\left(\omega t+\dfrac{4}{3}\pi-2\pi\dfrac{x-\dfrac{\lambda}{2}}{\lambda}\right)=1\times10^{-2}\cos(\omega t-2\pi\dfrac{x}{\lambda}+\dfrac{1}{3}\pi)$

（4）Q1：$y=3\times10^{-2}\cos4\pi(t+\dfrac{x}{20})$（SI）；

Q2：$y=3\times10^{-2}\cos\left[4\pi(t+\dfrac{x}{20})-\pi\right]$（SI）

（5）Q1：$y_0=A\cos\left[\omega(t+\dfrac{L}{u})+\varphi\right]$；

Q2：$y=A\cos\left[\omega(t+\dfrac{x+L}{u})+\varphi\right]$；

Q3：$x=-L\pm k\dfrac{2\pi u}{\omega}$，$k=1,2,3,\cdots$

（6）Q1：$y=0.04\cos\left[2\pi(\dfrac{t}{5}-\dfrac{x}{0.4})-\dfrac{\pi}{2}\right]$（SI）；

Q2：$y_P=0.04\cos\left(0.4\pi t-\dfrac{3\pi}{2}\right)$（SI）

笔记

(7) $\lambda = 6\text{m}$, $\varphi_2 - \varphi_1 = \pm\pi$

(8) $A = 0.464\text{m}$

(9) Q1: $y = A\cos(2\pi\nu t + \frac{1}{2}\pi)$; Q2: $v = \frac{dy}{dt} = -2\pi\nu A\sin(2\pi\nu t + \frac{1}{2}\pi)$

(10) Q1: $y_1 = A\cos(\pi t - \pi)$, $y_2 = A\cos(\pi t)$; Q2: $y = 0$

第2部分
静电学

提示：打开“九斗”APP，点击“[扫描图标]”，全屏扫描下图即可进行互动学习。

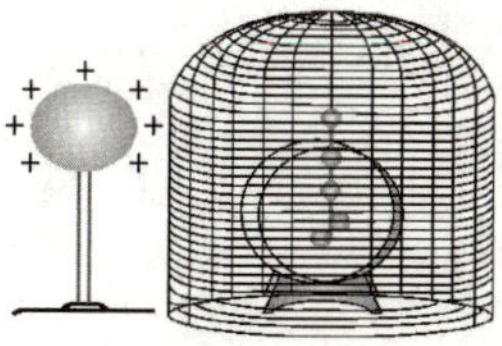

静电屏蔽

笔记

第1章 静电场

【知识要点】

1.1 电荷

两种电荷：正电荷和负电荷。

电荷守恒定律：在孤立系统中，电荷的代数和保持不变。

电荷量子化：电荷只能取离散的、不连续的量值。

$$Q = ne$$

式中，$n = \pm 1, \pm 2, \cdots$；$e = 1.602 \times 10^{-19}\,\mathrm{C}$

电荷的相对论不变性：在不同参考系内观察，同一带电粒子的电荷量不变。

1.2 库仑定律

1.2.1 库仑定律

在真空中，两个静止的点电荷之间的相互作用力，其大小与二者电荷电量的乘积成正比，与二者之间距离的二次方成反比；作用力的方向沿着两点电荷的连线，同号电荷相斥，异号电荷相吸，即

$$\boldsymbol{F}_{12} = \frac{1}{4\pi\varepsilon_0}\frac{q_1 q_2}{r_{12}^2}\boldsymbol{e}_{12} = -\boldsymbol{F}_{21}$$

1.2.2 叠加原理

点电荷系所受的库仑力等于其他每一电荷对它施加的库仑力的矢量和，即

$$\boldsymbol{F} = \sum_{i=1}^{n}\boldsymbol{F}_i$$

1.3 静电场和电场强度

（1）静电场：静止电荷周围产生的一种物质场。

（2）电场强度：电场中某点处的电场强度 $\boldsymbol{E}$ 等于位于该点处的单位试验电荷所受的力，即

笔记

$$\boldsymbol{E}=\frac{\boldsymbol{F}}{q_0}$$

其方向为正电荷受力方向。

（3）电场强度叠加原理：点电荷系所激发的电场中某点处的电场强度等于各个点电荷单独存在时对该点所激发的电场强度的矢量和，即

$$\boldsymbol{E}=\sum_{i=1}^{n}\boldsymbol{E}_i$$

点电荷电场强度：

$$\boldsymbol{E}=\frac{q}{4\pi\varepsilon_0 r^2}\boldsymbol{e}_r$$

（4）电场强度的计算。

点电荷电场中的电场强度：

$$\boldsymbol{E}=\frac{q}{4\pi\varepsilon_0 r^2}\boldsymbol{e}_r$$

点电荷系电场中的电场强度：

$$\boldsymbol{E}=\frac{1}{4\pi\varepsilon_0}\sum_{i=1}^{n}\frac{q_i}{r_i^2}\boldsymbol{e}_i$$

电荷连续分布的带电体电场中的电场强度：

$$\boldsymbol{E}=\begin{cases}\int_l \frac{1}{4\pi\varepsilon_0}\frac{\lambda\,\mathrm{d}l}{r^2}\boldsymbol{e}_r\\ \iint_S \frac{1}{4\pi\varepsilon_0}\frac{\sigma\,\mathrm{d}s}{r^2}\boldsymbol{e}_r\\ \iiint_V \frac{1}{4\pi\varepsilon_0}\frac{\rho\,\mathrm{d}V}{r^2}\boldsymbol{e}_r\end{cases}$$

1.4　高斯定理

1.4.1　电场线

为了形象地描述电场在空间的分布，在电场中画出一系列假想的曲线：曲线上每一点的切线方向表示该点场强的方向，垂直电场方向曲线的面密度表示该点场强的大小。电场线起始于正电荷（或来自无穷远），止于负电荷（或伸向无穷远）；电场线是非闭合曲线；任何两条电场线在无电荷处都不相交。

1.4.2　电场强度通量（$\boldsymbol{E}$ 通量）

Φ_e 与通过电场中某一个面的电场线根数成正比，即

$$\Phi_e=\iint_S \boldsymbol{E}\cdot\mathrm{d}\boldsymbol{S}$$

笔记

1.4.3 高斯定理

在真空中，通过任一闭合曲面的电场强度的通量等于该曲面所包围的所有电荷的代数之和除以 ε_0，与面外电荷无关，闭合曲面称为高斯面。其数学形式为

$$\Phi_e = \oint_S \boldsymbol{E} \cdot \mathrm{d}\boldsymbol{S} = \frac{1}{\varepsilon_0}\sum_{i=1}^{n} q_i$$

在实际使用过程中，根据电荷分布的对称性，适当选取高斯面。

1.5 静电场的环路定理和电势

1.5.1 静电场的环路定理

静电场力所作的功：

$$A = \int_A^B q_0 \boldsymbol{E} \cdot \mathrm{d}\boldsymbol{l}$$

一试验电荷 q_0 在静电场中从一点沿任意路径运动到另一点时，静电场力对它所做的功仅与试验电荷 q_0 及路径的起点和终点的位置有关，而与该路径的形状无关，说明静电场为保守力。

静电场的环路定理：在静电场中，电场强度沿任意闭合路径的线积分为零，即

$$\oint_l \boldsymbol{E} \cdot \mathrm{d}\boldsymbol{l} = 0$$

1.5.2 电势能

试验电荷 q_0 在电场中某点处的电势能，在数值上等于把它从该点移到零势能处静电场力所做的功，即

$$E_{pA} = q_0\int_A \boldsymbol{E} \cdot \mathrm{d}\boldsymbol{l}，\text{设 } E_{pB} = 0$$

1.5.3 电势与电势差

电势：电场中某一点的电势，在数值上等于把单位正试验电荷从 A 点移到电势为零点时，静电场力所做的功，即

$$U_A = \int_A^B \boldsymbol{E} \cdot \mathrm{d}\boldsymbol{l}，\ U_B = 0$$

电势差：电场中 A、B 两点之间的电势，在数值上等于把单位正试验电荷从 A 点移到 B 点时，静电场力所做的功，即

$$U_{AB} = \int_A^B \boldsymbol{E} \cdot \mathrm{d}\boldsymbol{l}$$

1.5.4 电势的计算

点电荷电场的电势：

笔记

$$U = \frac{q}{4\pi\varepsilon_0 r}$$

电势的叠加原理：点电荷系所激发的电场中某点的电势等于各个点电荷单独存在时在该点电势的代数之和，即

$$U = \sum_{i=1}^{n} U_i$$

连续分布电荷电场中的电势：

$$U = \int \frac{\mathrm{d}q}{4\pi\varepsilon_0 r}$$

1.6　等势面和电势梯度

1.6.1　等势面

等势面：电场中电势相等的点所构成的曲面。

等势面的特点：等势面与电场线处处正交；沿等势面移动电荷，电场力不作功。

1.6.2　电场强度与电势梯度的关系

电场强度与电势梯度的关系：

$$\boldsymbol{E} = -\nabla U = -\mathrm{grad}U$$

【典型例题】

2-1-1　如果你在干燥的环境中从地毯上走过，然后把手伸到金属门把或某人脖子的后面，就可能引起火花。为什么会产生火花（如果你伸出的是手指或突出端向前的金属钥匙，则能增大火花的亮度和声音）？

答　你在干燥的环境中从地毯上走过的过程，由于摩擦使人体带电，当你接触导体（金属 、人体）会出现放电现象，就会产生火花。导体表面的曲率半径越小，放电效应越显著。

2-1-2　两个带有等量异号电荷的粒子保持相距 15cm，电荷的大小为 2.0×10^{-7}C。求在这两个电荷之间中点处 $\boldsymbol{E}$ 的大小及方向。

解

$$E_+ = E_- = \frac{q}{4\pi\varepsilon_0\left(\frac{a}{2}\right)^2} = \frac{q}{\pi\varepsilon_0 a^2}$$

$$E = 2\frac{q}{\pi\varepsilon_0 a^2} = 6.40\times10^5\,\mathrm{N/C}$$

方向如图 2-1-1 所示。

笔记

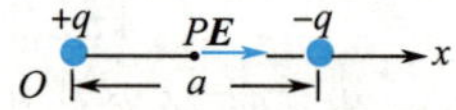

图 2-1-1

2-1-3 如图 2-1-2 所示，两个点电荷 $q_1=2.1\times10^{-8}$C 及 $q_2=-4.0q_1$，它们被固定在相距 50cm 处。找出在这两个电荷连线上电场为零的点。

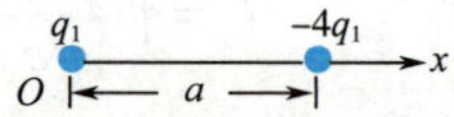

图 2-1-2

解 由场的方向和两电荷带电量及到场点的距离可知，在 $0\leqslant x\leqslant a$ 和 $x>a$ 的区间内没有电场为零的点。只考虑在 $x<0$ 的区间，有

$$\frac{q_1}{4\pi\varepsilon_0|x|^2}=\frac{4q_1}{4\pi\varepsilon_0(|x|+a)^2}$$

因此，$x=-\alpha$ 处电场强度为零。

2-1-4 如图 2-1-3 所示，计算 P 点处由 3 个点电荷所引起的电场的电场强度。

解

$$E_1=E_3=\frac{q}{4\pi\varepsilon_0a^2}$$

$$E_2=\frac{2q}{4\pi\varepsilon_0(\sqrt{2}a)^2}=\frac{q}{4\pi\varepsilon_0a^2}$$

方向如图 2-1-3 所示。

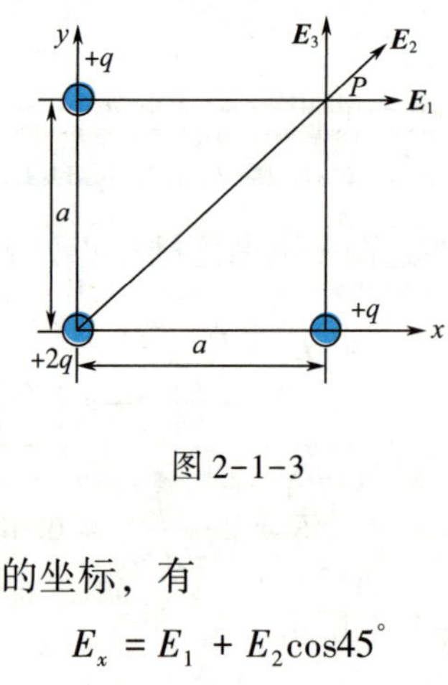

图 2-1-3

选取如图 2-13 所示的坐标，有

$$E_x=E_1+E_2\cos45^\circ$$

笔记

$$E_y = E_3 + E_2\sin45^\circ$$

$$E_x = E_y = \frac{q}{4\pi\varepsilon_0 a^2}\left(1+\frac{\sqrt{2}}{2}\right),\ \boldsymbol{E} = E_x\boldsymbol{i} + E_y\boldsymbol{j}$$

2-1-5　一环形薄片由细绳悬吊着，环的外半径为 R，内半径为 $R/2$，并有电荷 Q 均匀分布在环面上。细绳长 $3R$，也有电荷 Q 均匀分布在绳上，如图 2-1-4 所示，试求圆环中心 O 处的电场强度（圆环中心在细绳延长线上）。

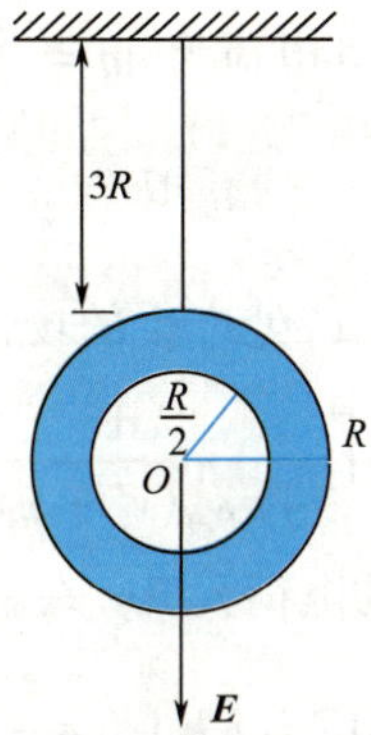

图 2-1-4

解　先计算细绳上的电荷在 O 点产生的场强。选环心作坐标原点 O，x 轴向下为正，在 x 处取一电荷元，即

$$\mathrm{d}q = \lambda\,\mathrm{d}x = \frac{Q\mathrm{d}x}{3R}$$

它在环心处的场强为

$$\mathrm{d}E_1 = \frac{\mathrm{d}q}{4\pi\varepsilon_0 x^2} = \frac{Q\mathrm{d}x}{12\pi\varepsilon_0 Rx^2}$$

整个细绳上的电荷在环心处的场强

$$E_1 = \frac{Q}{12\pi\varepsilon_0 R}\int_{-4R}^{-R}\frac{\mathrm{d}x}{x^2} = \frac{Q}{16\pi\varepsilon_0 R^2}$$

圆环上的电荷分布关于环心对称，它在环心处的场强 $E_2 = 0$。由此，合场强为

$$\boldsymbol{E} = E_1\boldsymbol{i} = \frac{Q}{16\pi\varepsilon_0 R^2}\boldsymbol{i}$$

2-1-6　两根相同的均匀带电细棒，长为 l，电荷线密度为 λ，沿同一条直线放置。两细棒间最近距离也为 l，如图 2-1-5 所示。假设棒上的电荷是不能自由移动的，试求两棒间的静电相互作用力。

笔记

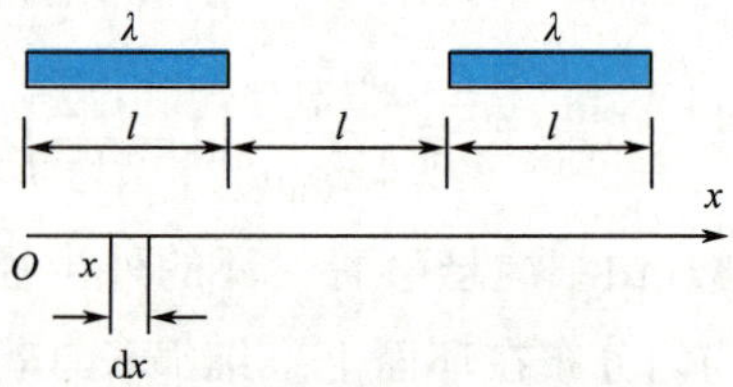

图 2-1-5

解 选左棒的左端为坐标原点 O，x 轴沿棒方向向右，在左棒上 x 处取线元 dx，其电荷为 $dq=\lambda dx$，它在右棒的 x' 处产生的场强为

$$dE=\frac{\lambda dx}{4\pi\varepsilon_0(x'-x)^2}$$

整个左棒在 x' 处产生的场强为

$$E=\int_0^l\frac{\lambda dx}{4\pi\varepsilon_0(x'-x)^2}=\frac{\lambda}{4\pi\varepsilon_0}\left(\frac{1}{x'-l}-\frac{1}{x'}\right)$$

右棒 x' 处的电荷元 dx' 在电场中受力为

$$dF=E\lambda dx'=\frac{\lambda^2}{4\pi\varepsilon_0}\left(\frac{1}{x'-l}-\frac{1}{x'}\right)dx'$$

整个右棒在电场中受力为

$$F=\frac{\lambda^2}{4\pi\varepsilon_0}\int_{2l}^{3l}\left(\frac{1}{x'-l}-\frac{1}{x'}\right)dx'=\frac{\lambda^2}{4\pi\varepsilon_0}\ln\frac{4}{3}$$，方向沿 x 轴正向

左棒受力为

$$F'=-F$$

2-1-7 半径为 R 的带电细圆环，其电荷线密度为 $\lambda=\lambda_0\sin\varphi$，式中 λ_0 为一常数，φ 为半径 R 与 x 轴所成的夹角，如图 2-1-6 所示。试求环心 O 处的电场强度。

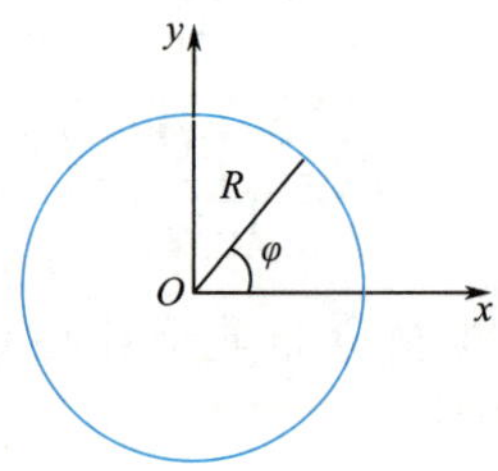

图 2-1-6

解 在任意角 φ 处取微小电量 $dq=\lambda dl$，它在 O 点产生的场强为

$$dE=\frac{\lambda dl}{4\pi\varepsilon_0R^2}=\frac{\lambda_0\sin\varphi d\varphi}{4\pi\varepsilon_0R}e^{i\theta}$$

笔记

环心 O 处的电场强度分量分别为

$$E_x=\frac{\lambda_0}{4\pi\varepsilon_0 R}\int_0^{2\pi}\sin\varphi\cos\varphi\mathrm{d}\varphi=0$$

$$E_y=-\frac{\lambda_0}{4\pi\varepsilon_0 R}\int_0^{2\pi}\sin^2\varphi\mathrm{d}\varphi=\frac{\lambda_0}{4\varepsilon_0 R}$$

环心 O 处的电场强度为

$$\boldsymbol{E}=E_y\boldsymbol{j}=-\frac{\lambda_0}{4\varepsilon_0 R}\boldsymbol{j}$$

2-1-8　如图 2-1-7（a）所示，无限长均匀带电的半圆柱面，半径为 R，设半圆柱面沿轴线 OO' 单位长度上的电荷为 λ，试求轴线上一点的电场强度。

解　设坐标系如图 2-1-7（b）所示。将半圆柱面划分成许多窄条，$\mathrm{d}l$ 宽的窄条的电荷线密度为

$$\mathrm{d}\lambda=\frac{\lambda}{\pi R}\mathrm{d}l=\frac{\lambda}{\pi}\mathrm{d}\theta$$

形成的电场强度微元为

$$\mathrm{d}E=\frac{\mathrm{d}\lambda}{2\pi\varepsilon_0 R}=\frac{\lambda}{2\pi^2\varepsilon_0 R}\mathrm{d}\theta$$

电场强度分量为

$$E_x=0$$

$$E_y=-\frac{\lambda}{2\pi^2\varepsilon_0 R}\int_0^{\pi}\sin\theta\mathrm{d}\theta=-\frac{\lambda}{\pi^2\varepsilon_0 R}$$

电场强度为

$$\boldsymbol{E}=\boldsymbol{E}_x\boldsymbol{i}+\boldsymbol{E}_y\boldsymbol{j}=\frac{\lambda}{\pi^2\varepsilon_0 R}\boldsymbol{j}$$

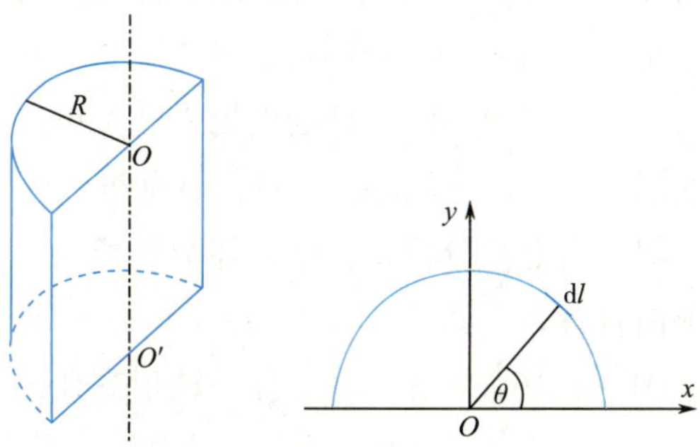

（a）　　（b）

图 2-1-7

笔记

2-1-9 如图2-1-8所示，一半径为 R，长度为 L 的均匀带电圆柱面，总电荷为 Q。试求端面处轴线上 P 点的电场强度。

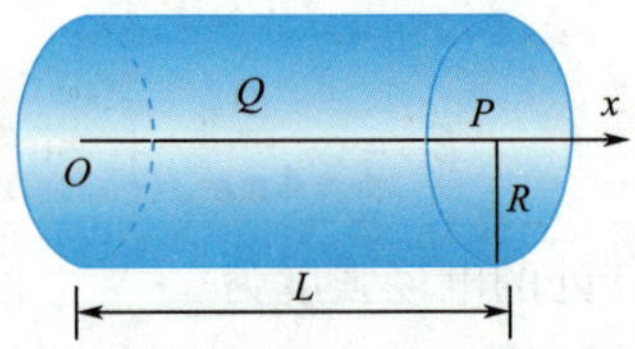

图2-1-8

解 以左端面处为坐标原点，x 轴沿轴线向右为正。在距 O 点为 x 处取宽 dx 的圆环，其上电荷 $dq=\frac{Qdx}{L}$ 的小圆环在 P 点产生的电场强度为

$$
\begin{aligned}
dE &= \frac{dq(L-x)}{4\pi\varepsilon_0 L[R^2+(L-x)^2]^{3/2}} \\
&= \frac{Q(L-x)dx}{4\pi\varepsilon_0 L[R^2+(L-x)^2)]^{3/2}} \\
&= -\frac{Q}{8\pi\varepsilon_0 L}\cdot\frac{d([R^2+(L-x)^2]}{[R^2+(L-x)^2]^{3/2}}
\end{aligned}
$$

总场强为

$$
\begin{aligned}
E &= \int dE \\
&= -\frac{Q}{8\pi\varepsilon_0 L}\int_0^L \frac{d[R^2+(L-x)^2]}{[R^2+(L-x)^2]^{3/2}} \\
&= \frac{Q}{4\pi\varepsilon_0 L}\left[\frac{1}{R}-\frac{1}{\sqrt{R^2+L^2}}\right]
\end{aligned}
$$

方向沿 x 轴正向。

2-1-10 如图2-1-9（a）所示，一厚为 b 的无限大带电平板，其电荷体密度分布为 $\rho=kx$（$0\leqslant x\leqslant bX$），式中 k 为一正数常量。求：Q1：平板外两侧任一点 P_1 和 P_2 处的电场强度大小；Q2：平板内任一点 P 处的电场强度；Q3：场强为零的点在何处？

解 由对称分析知，平板外两侧场强大小处处相等，方向垂直于平面且背离平面。

Q1：设场强大小为 E。作一柱形高斯面垂直于平面，其底面大小为 S，如图2-1-9（b）所示。按高斯定理 $\oint_S \boldsymbol{E}\cdot d\boldsymbol{S}=\frac{1}{\varepsilon_0}\sum q$，即

笔记

$$2SE = \frac{1}{\varepsilon_0}\int_0^b \rho S\mathrm{d}x = \frac{kS}{\varepsilon_0}\int_0^b x\mathrm{d}x = \frac{kSb^2}{2\varepsilon_0}$$

解得

$$E = \frac{kb^2}{4\varepsilon_0}，\quad \text{平板外两侧}$$

Q2：作一柱形高斯面，底面为 S。设该处场强为 $\boldsymbol{E}'$，如图 2-1-9（c）所示。按高斯定理有

$$(E' + E)S = \frac{kS}{\varepsilon_0}\int_0^x x\mathrm{d}x = \frac{kSx^2}{2\varepsilon_0}$$

解得

$$E' = \frac{k}{2\varepsilon_0}\left(x^2 - \frac{b^2}{2}\right)，\quad 0 \leqslant x \leqslant b$$

Q3：$E' = 0$，必须满足 $x^2 - \frac{b^2}{2} = 0$，得 $x = \frac{b}{\sqrt{2}}$

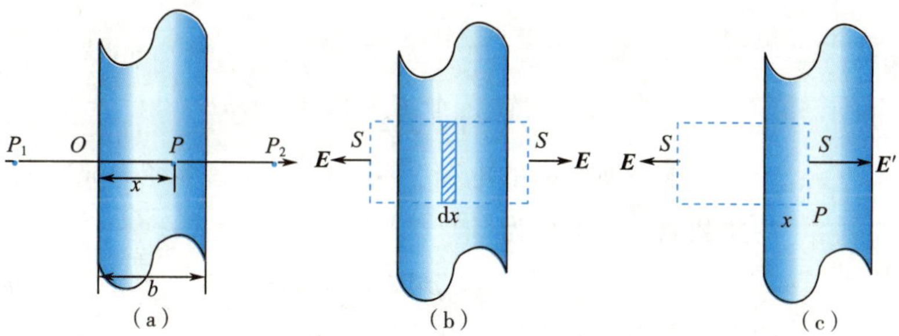

图 2-1-9

2-1-11 设电荷体密度沿 x 轴方向按余弦规律 $\rho = \rho_0\cos x$ 分布在整个空间，式中 ρ 为电荷体密度，ρ_0 为其幅值。试求空间的场强分布。

解　由题意知，电荷沿 x 轴方向按余弦规律变化，可以判断场强 E 的方向必沿 x 轴方向，且 $\boldsymbol{E}$ 相对 yOz 平面对称分布。在 $\pm x$ 处作与 x 轴垂直的两个相同的平面 S，用与 x 轴平行的侧面将其封闭为高斯面，如图 2-1-10 所示。

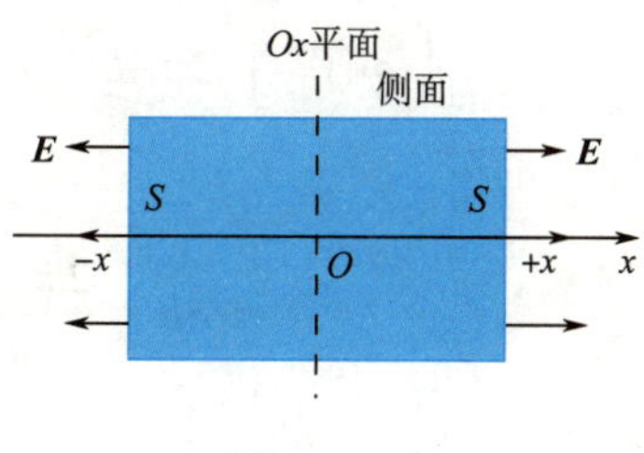

图 2-1-10

笔记

由高斯定理 $\oint_S \boldsymbol{E}\cdot \mathrm{d}\boldsymbol{S}=\frac{1}{\varepsilon_0}\iiint_V \rho \mathrm{d}V$ 得

$$2SE=\frac{S\rho_0}{\varepsilon_0}\int_{-x}^{x}\cos x\mathrm{d}x$$

$$2SE=2\frac{S\rho_0}{\varepsilon_0}\sin x$$

由此得 $E=\rho_0\sin\frac{x}{\varepsilon_0}$，方向沿 x 轴正向。

2-1-12 一半径为 R 的无限长圆柱形带电体，其电荷体密度为 $\rho=Ar(r\leqslant R)$，式中 A 为常量。试求：Q1：圆柱体内、外各点场强大小分布；Q2：选与圆柱轴线的距离为 l（$l>R$）的地方为电势零点，计算圆柱体内外各点的电势分布。

解 Q1：取半径为 r，高为 h 的高斯圆柱面（图 2-1-11）。面上各点场强大小为 E 并垂直于柱面。则穿过该柱面的电场强度通量为

$$\oint_S \boldsymbol{E}\cdot \mathrm{d}\boldsymbol{S}=2\pi rhE$$

为求高斯面内的电荷，$r<R$ 时，取一半径为 r'，厚 $\mathrm{d}r'$、高 h 的薄圆筒，其电荷为

$$\rho\mathrm{d}V=2\pi Ahr'^2\mathrm{d}r'$$

则包围在高斯面内的总电荷为

$$\iiint_V \rho\mathrm{d}V=\int_0^r 2\pi Ahr'^2\mathrm{d}r'=\frac{2\pi Ahr^3}{3}$$

由高斯定理得

$$2\pi rhE=\frac{2\pi Ahr^3}{3\varepsilon_0}$$

解得

$$E=\frac{Ar^2}{3\varepsilon_0},\quad r\leqslant R$$

当 $r>R$ 时，包围在高斯面内的总电荷为

$$\iiint_V \rho\mathrm{d}V=\int_0^R 2\pi Ahr'^2\mathrm{d}r'=\frac{2\pi AhR^3}{3}$$

由高斯定理得

$$2\pi rhE=\frac{2\pi AhR^3}{3\varepsilon_0}$$

解得

笔记

$$E = \frac{AR^3}{3\varepsilon_0 r}, \quad r > R$$

Q2：计算电势分布，$r \leqslant R$ 时，有

$$U = \int_r^l E\mathrm{d}r = \int_r^R \frac{A}{3\varepsilon_0} r^2 \mathrm{d}r + \int_R^l \frac{AR^3}{3\varepsilon_0} \cdot \frac{\mathrm{d}r}{r}$$

$$= \frac{A}{9\varepsilon_0}(R^3 - r^3) + \frac{AR^3}{3\varepsilon_0}\ln\frac{l}{R}$$

$r>R$ 时，有

$$U = \int_r^l E\mathrm{d}r = \int_r^l \frac{AR^3}{3\varepsilon_0} \cdot \frac{\mathrm{d}r}{r} = \frac{AR^3}{3\varepsilon_0}\ln\frac{l}{r}$$

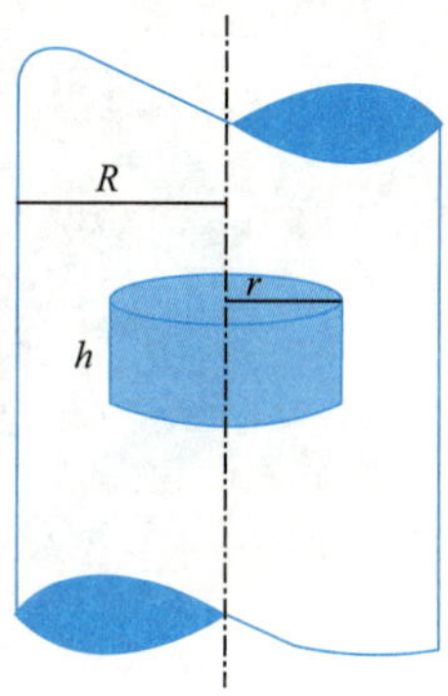

图 2-1-11

2-1-13 图 2-1-12（a）所示为一沿 x 轴放置的长度为 l 的不均匀带电细棒，其电荷线密度为 $\lambda = \lambda_0(x-a)$，λ_0 为一常量，取无穷远处为电势零点，求坐标原点 O 处的电势。

解　在任意位置 x 处取长度元 $\mathrm{d}x$［图 2-1-12（b）］，其上带有电荷 $\mathrm{d}q = \lambda_0(x-a)\mathrm{d}x$，它在 O 点产生的电势为

$$\mathrm{d}U = \frac{\lambda_0(x-a)\mathrm{d}x}{4\pi\varepsilon_0 x}$$

O 点总电势为

$$U = \int \mathrm{d}U = \frac{\lambda_0}{4\pi\varepsilon_0}\left[\int_a^{a+l}\mathrm{d}x - a\int_a^{a+l}\frac{\mathrm{d}x}{x}\right] = \frac{\lambda_0}{4\pi\varepsilon_0}\left[l - a\ln\frac{a+l}{a}\right]$$

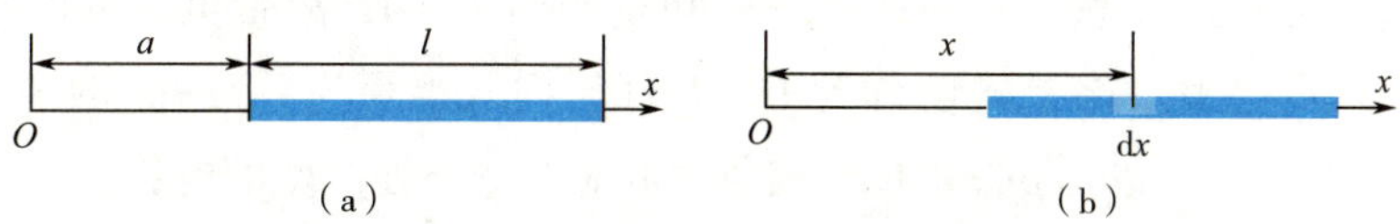

图 2-1-12

笔记

2-1-14 一半径为 R 的均匀带电圆盘，电荷面密度为 σ 。设无穷远处为电势零点，计算圆盘中心 O 点电势。

解 在圆盘上取一半径为 $r \to r+\mathrm{d}r$ 范围的同心圆环（图 2-1-13），其面积为 $\mathrm{d}S = 2\pi r\mathrm{d}r$ ，其上电荷为 $\mathrm{d}q = 2\pi\sigma r\mathrm{d}r$， 它在 O 点产生的电势为

$$\mathrm{d}U = \frac{\mathrm{d}q}{4\pi\varepsilon_0 r} = \frac{\sigma\mathrm{d}r}{2\varepsilon_0}$$

总电势为

$$U = \int_S \mathrm{d}U = \frac{\sigma}{2\varepsilon_0}\int_0^R \mathrm{d}r = \frac{\sigma R}{2\varepsilon_0}$$

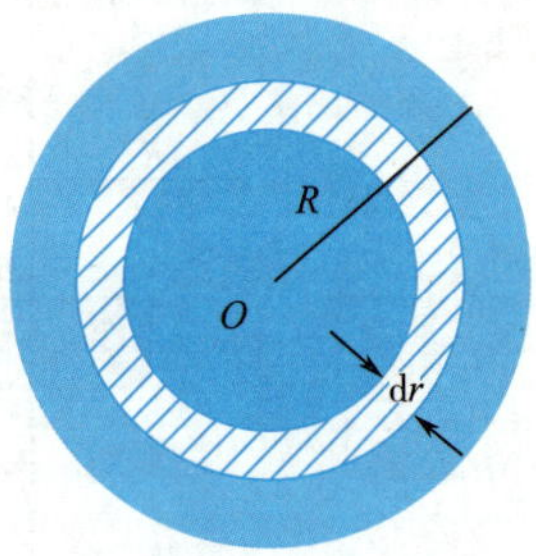

图 2-1-13

2-1-15 图 2-1-14 所示为一个均匀带电的球层，其电荷体密度为 ρ，球层内表面半径为 R_1， 外表面半径为 R_2。设无穷远处为电势零点，求空腔内任一点的电势。

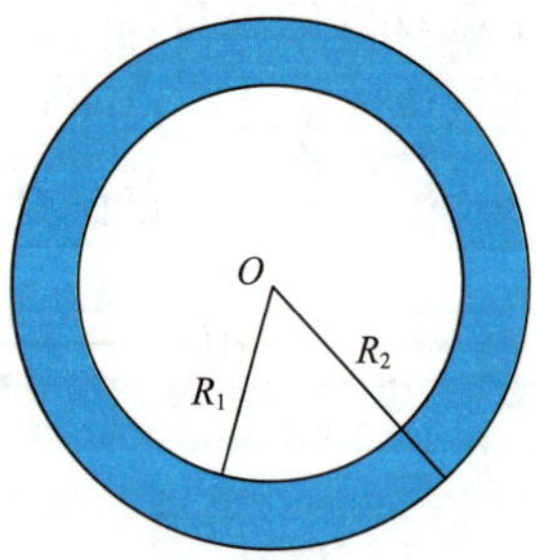

图 2-1-14

解 由高斯定理可知空腔内 $E=0$，故带电球层的空腔是等势区，各点电势均为 U。在球层内取半径为 $r \to r+\mathrm{d}r$ 的薄球层，其电荷 $\mathrm{d}q = \rho 4\pi r^2\mathrm{d}r$ 。该薄层电荷在球心处产生的电势为

$$\mathrm{d}U = \frac{\mathrm{d}q}{4\pi\varepsilon_0 r} = \frac{\rho r\mathrm{d}r}{\varepsilon_0}$$

笔记

整个带电球层在球心处产生的电势为

$$U_0 = \int \mathrm{d}U_0 = \frac{\rho}{\varepsilon_0}\int_{R_1}^{R_2} r\mathrm{d}r = \frac{\rho}{2\varepsilon_0}(R_2^2 - R_1^2)$$

因为空腔内为等势区，所以空腔内任一点的电势为

$$U = U_0 = \frac{\rho}{2\varepsilon_0}(R_2^2 - R_1^2)$$

2-1-16 有两根半径都是 R 的无限长直导线，彼此平行放置，两者轴线的距离是 d（$d \geqslant 2R$），沿轴线方向单位长度上分别带有 $+\lambda$ 和 $-\lambda$ 的电荷，如图 2-1-15（a）所示。设两带电导线之间的相互作用不影响它们的电荷分布，试求两导线间的电势差。

解　设原点 O 在左边导线的轴线上，x 轴通过两导线轴线并与之垂直，如图 2-1-15（b）所示，在两轴线组成的平面上，$R<x<(d-R)$ 区域内，离原点距离 x 处的 P 点场强为

$$E = E_+ + E_- = \frac{\lambda}{2\pi\varepsilon_0 x} + \frac{\lambda}{2\pi\varepsilon_0(d - x)}$$

则两导线间的电势差

$$\begin{aligned} U &= \int_R^{d-R} E\mathrm{d}x \\ &= \frac{\lambda}{2\pi\varepsilon_0}\int_R^{d-R}\left(\frac{1}{x} + \frac{1}{d - x}\right)\mathrm{d}x \\ &= \frac{\lambda}{\pi\varepsilon_0}\ln\frac{d - R}{R} \end{aligned}$$

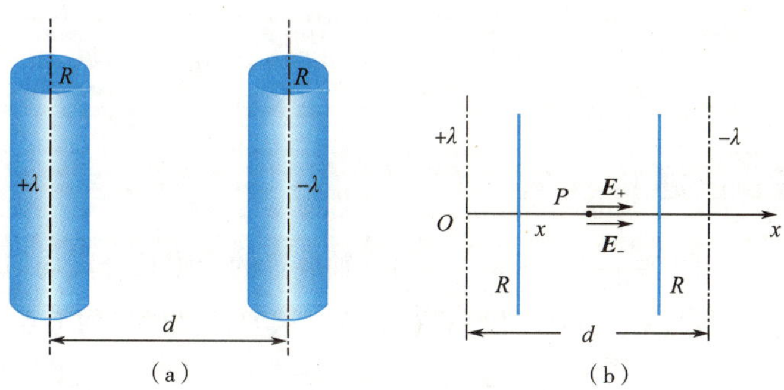

图 2-1-15

2-1-17 如图 2-1-16（a）所示，半径为 R 的均匀带电球面带有电荷 q。沿某一半径方向上有一均匀带电细线，电荷线密度为 λ，长度为 l，细线左端离球心的距离为 r_0。设球和线上的电荷分布不受相互作用影响，试求细线所受球面电荷的电场力和细线在该电场中的电势能（设无穷远处的电势为零）。

笔记

解 设 x 轴沿细线方向，原点在球心处，在 x 处取线元 $\mathrm{d}x$，其上电荷为 $\mathrm{d}q' = \lambda\,\mathrm{d}x$，如图 2-1-16（b）所示。该线元在带电球面的电场中所受电场力为

$$\mathrm{d}F = \frac{q\lambda\,\mathrm{d}x}{4\pi\varepsilon_0 x^2}$$

整个细线所受电场力为

$$F = \frac{q\lambda}{4\pi\varepsilon_0}\int_{r_0}^{r_0+l}\frac{\mathrm{d}x}{x^2} = \frac{q\lambda l}{4\pi\varepsilon_0 r_0(r_0+l)}$$

方向沿 x 正方向。电荷元在球面电荷电场中具有的电势能为

$$\mathrm{d}E_{\mathrm{P}} = \frac{q\lambda\,\mathrm{d}x}{4\pi\varepsilon_0 x}$$

整个线电荷在电场中具有电势能为

$$E_{\mathrm{P}} = \frac{q\lambda}{4\pi\varepsilon_0}\int_{r_0}^{r_0+l}\frac{\mathrm{d}x}{x} = \frac{q\lambda}{4\pi\varepsilon_0}\ln\left(\frac{r_0+l}{r_0}\right)$$

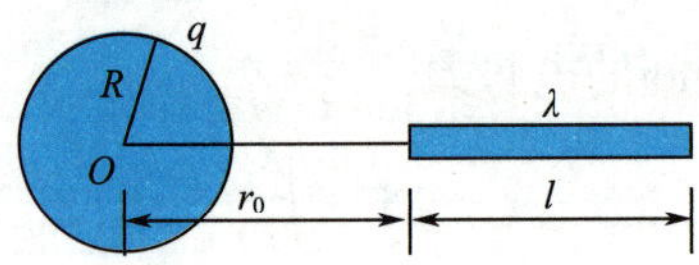

（a）

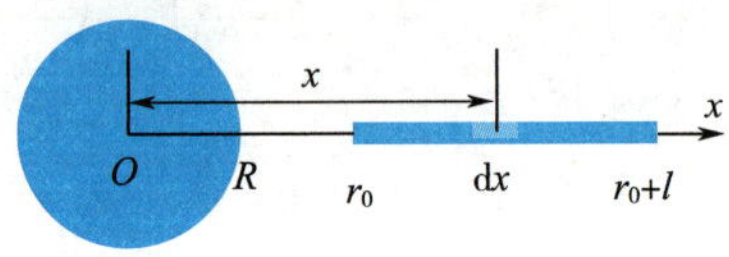

（b）

图 2-1-16

【同步训练题】

（1）如图 2-1-17 所示，一沿 x 轴放置的无限长分段均匀带电直线，电荷线密度分别为 $+\lambda$（$x<0$）和 $-\lambda$（$x>0$），求 Oxy 坐标平面上点（0，a）处的电场场强。

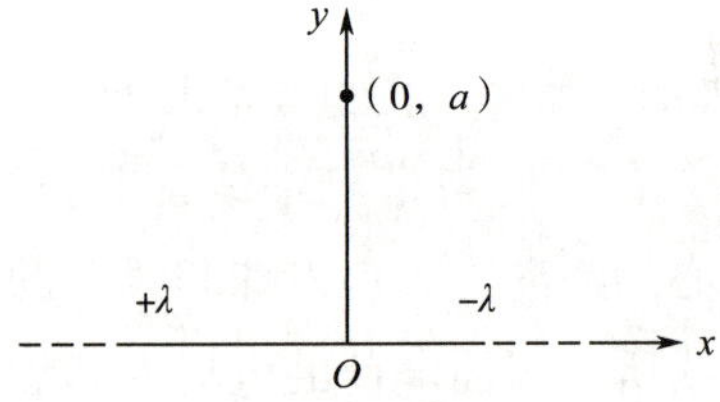

图 2-1-17

笔记

(2) 真空中有一半径为 R 的圆平面，在通过圆心 O 并与平面垂直的轴线上 P 点处有一电荷为 q 的点电荷。O、P 间距离为 h，如图 2-1-18 所示，试求通过该圆平面的电场强度通量。

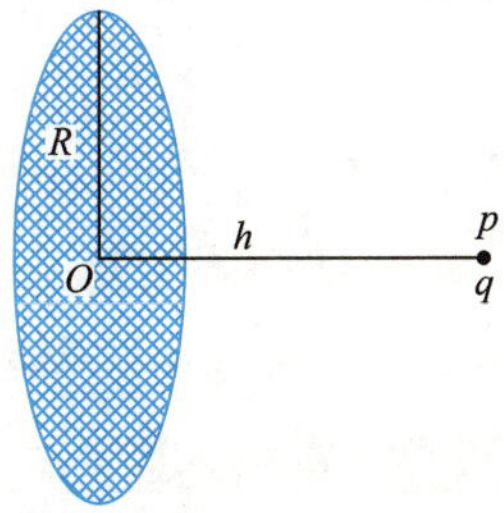

图 2-1-18

(3) 一半径为 R 的带电球体，其电荷体密度分布为

$$\begin{cases} \rho = \dfrac{qr}{\pi R^4}, & r \leqslant R,\ q \text{ 为一正的常量} \\ \rho = 0, & r > R \end{cases}$$

试求：Q1：带电球体的总电荷；Q2：球内、外各点的电场强度；Q3：球内、外各点的电势。

(4) 如图 2-1-19 所示，一锥顶角为 θ 的圆台，上下底面半径分别为 R_1 和 R_2，它的侧面上均匀带电，电荷面密度为 σ，求顶点 O 的电势（以无穷远处为电势零点）。

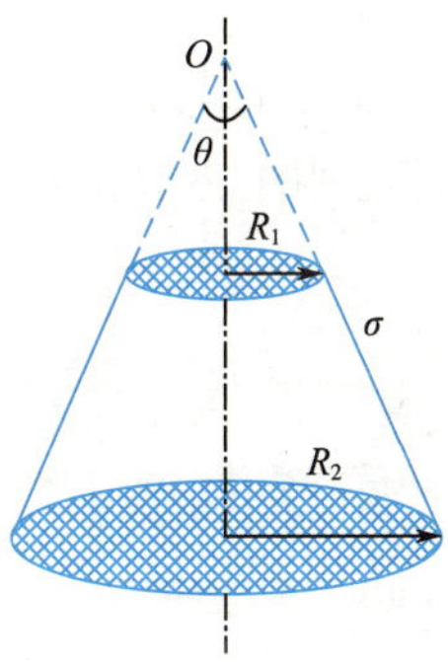

图 2-1-19

(5) 真空中一均匀带电细直杆，长度为 $2a$，总电荷为 $+Q$，沿 Ox 轴固定放置（图 2-1-20）。一运动粒子质量为 m、带有电荷 $+q$，在经过 x 轴上的 C 点时，速率为 v。试求：Q1：粒子在经过 C 点时，它与杆之间的相互作用电势能（设无穷远处为电势零点）；Q2：粒子在电场力作用下运动到无穷远处的速率 v_∞（设 v_∞ 远小于光速）。

笔记

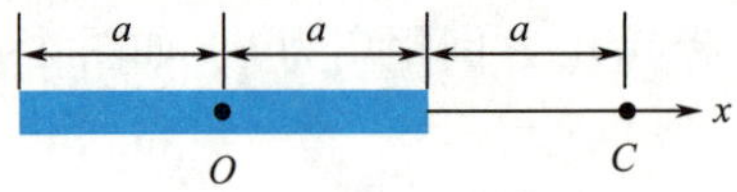

图 2-1-20

(6) 两无限长同轴均匀带电圆柱面，外圆柱面单位长度带正电荷 λ，内圆柱面单位长度带等量负电荷。两圆柱面间为真空，其中有一质量为 m 并带正电荷 q 的质点在垂直于轴线的平面内绕轴作圆周运动。试求此质点的速率。

(7) 两块竖直平行放置的均匀带电大平板，面积都是 S，分别带有电荷 $+Q$ 和 $-Q$。在两板中间有一长为 L 的带电细棒，棒上的电荷线密度一半为 $+\lambda$ 另一半为 $-\lambda$。棒的方向与水平方向成 θ 角，如图 2-1-21 所示。求棒所受的电场力矩。

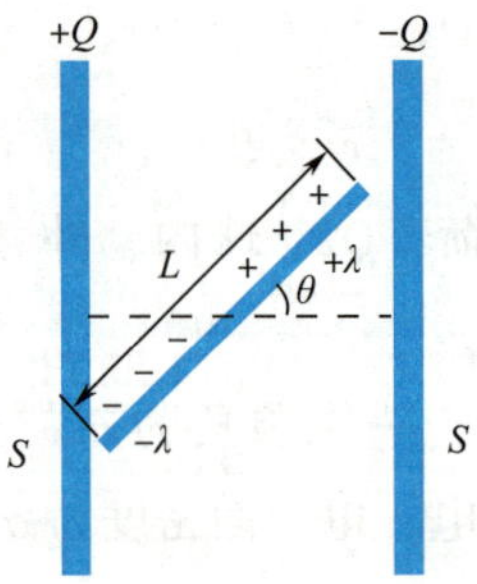

图 2-1-21

(8) 如图 2-1-22 所示，两个半径均为 R 的非导体球壳，表面上均匀带电，电荷分别为 $+Q$ 和 $-Q$，两球心相距为 d（$d \gg 2R$）。求两球心间的电势差。

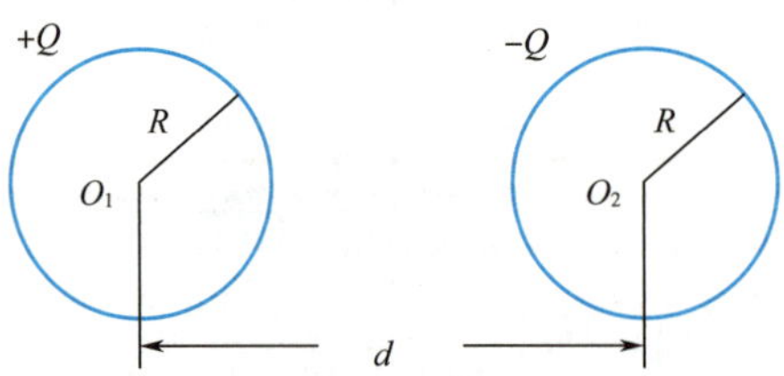

图 2-1-22

(9) 一半径为 R 的均匀带电细圆环，其电荷线密度为 λ，水平放置。今有一质量为 m，电荷为 q 的粒子沿圆环轴线自上而下向圆环的中心运动（图 2-1-23）。已知该粒子在通过距环心高为 h 的一点时的速率为 v_1，求该粒子到达环心时的速率。

笔记

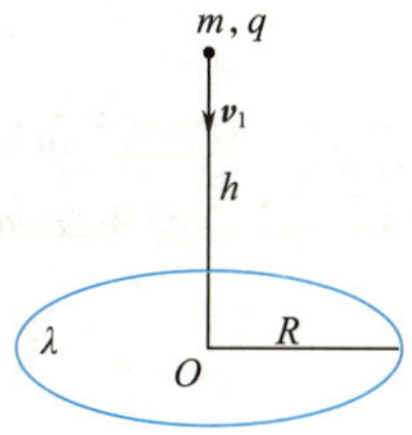

图 2-1-23

（10）半径为 R，电荷线密度为 λ_1 的一个均匀带电圆环，在其轴线上放一长为 l，电荷线密度为 λ_2 的均匀带电直线段，该线段的一端处于圆环中心处，如图 2-1-24 所示。求该直线段受到的电场力。

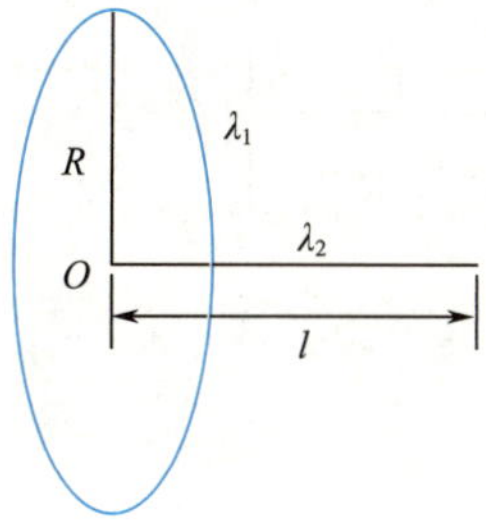

图 2-1-24

【同步训练题答案】

（1）$\boldsymbol{E}=\dfrac{\lambda}{2\pi\varepsilon_0 a}\boldsymbol{i}$

（2）$\Phi_e=\dfrac{q}{2\varepsilon_0}\left(1-\dfrac{h}{\sqrt{R^2+h^2}}\right)$

（3）Q1：$Q=q$；

Q2：$E=\begin{cases}\dfrac{qr^2}{4\pi\varepsilon_0R^4}, & r\leqslant R，\boldsymbol{E}\text{ 方向沿半径向外}\\ \dfrac{q}{4\pi\varepsilon_0R^2}, & r>R，\boldsymbol{E}\text{ 的方向沿半径向外}\end{cases}$；

Q3：$U=\begin{cases}\dfrac{q}{12\pi\varepsilon_0R}\left(4-\dfrac{r^3}{R^3}\right), & r\leqslant R\\ \dfrac{q}{4\pi\varepsilon_0r}, & r>R\end{cases}$

笔记

(4) $U=\dfrac{\sigma(R_2-R_1)}{2\varepsilon_0}$

(5) Q1：$E_p=\dfrac{qQ}{8\pi\varepsilon_0 a}\ln 3$；Q2：$v_\infty=\sqrt{\dfrac{qQ}{4\pi\varepsilon_0 am}+v^2}$

(6) $v=\sqrt{\dfrac{q\lambda}{2\pi\varepsilon_0 m}}$

(7) $M=\dfrac{Q\lambda L^2\sin\theta}{4\varepsilon_0 S}$

(8) $\dfrac{Q}{2\pi\varepsilon_0}\left(\dfrac{1}{R}-\dfrac{1}{d}\right)=\dfrac{Q(d-R)}{2\pi\varepsilon_0 Rd}$

(9) $v=\left[v_1^2+2gh-\dfrac{\lambda qR}{m\varepsilon_0}\left(\dfrac{1}{R}-\dfrac{1}{\sqrt{h^2+R^2}}\right)\right]^{\frac{1}{2}}$

(10) $F=\dfrac{\lambda_1\lambda_2 R}{2\varepsilon_0}\left[\dfrac{1}{R}-\dfrac{1}{(l^2+R^2)^{\frac{1}{2}}}\right]$

第2章

静电场中的导体

笔记

【知识要点】

2.1 静电场中的导体

2.1.1 导体的静电平衡

静电感应：因外电场作用，引起导体电荷重新分布的现象。

静电平衡：当导体内部和表面都无电荷定向移动的状态。

静电平衡条件：导体内部任何一点处的电场强度为零；导体表面处电场强度的方向都与导体表面垂直。

2.1.2 静电平衡时导体上的电荷分布

实心导体和腔内无带电体的导体：其内部各处净余电荷为零；电荷只能分布在导体的外表面。

腔内有带电体的导体：若腔内的带电体的电量为 q，导体的带电量为 Q，则导体内表面所带电量为$-q$，外表面所带电量为 $q+Q$。

2.1.3 导体表面的电场

静电平衡下导体的性质：导体是个等势体；导体表面处电场强度的大小为

$$E=\frac{\sigma}{\varepsilon_0}$$

2.1.4 导体静电平衡的应用

尖端放电：导体尖端部位场强大，容易使周围空气电离。

静电屏蔽：空腔导体（无论接地与否）将使腔内空间不受外电场的影响，而接地空腔导体将使外部空间不受空腔内的电场的影响。

2.1.5 有导体存在时静电场的计算

根据静电场的基本规律 、电荷守恒以及静电平衡条件加以分析和计算。

2.2 电容和电容器

2.2.1 孤立导体的电容

孤立导体的电容：孤立导体所带的电量 Q 与其电势 U 的比值，即

笔记

$$C=\frac{Q}{U}$$

2.2.2 电容器及其电容

电容器：两个能够带有等量且异性电荷的导体所组成的系统。

电容器电容：两导体中任何一导体所带的电量 Q 与两导体间电势差 U 的比值，即

$$C=\frac{Q}{U}$$

2.2.3 电容的计算

基本步骤：

（1）假定两个极板分别带有等量异性电荷 $\pm Q$；

（2）应用高斯定理根据此电荷计算两极板之间的电场 $\boldsymbol{E}$；

（3）再根据 $U=\int_a^b \boldsymbol{E}\cdot \mathrm{d}\boldsymbol{l}$ 计算极板之间的电势差 U_{ab}；

（4）最后，根据 $C=\dfrac{Q}{U}$ 计算电容 C。

2.2.4 电容器的串联和并联

电容器的并联：

$$C=C_1+C_2+\cdots+C_i$$

电容器的串联：

$$\frac{1}{C}=\frac{1}{C_1}+\frac{1}{C_2}+\cdots+\frac{1}{C_i}$$

【典型例题】

2-2-1 半径分别为 R_1 和 R_2（$R_2>R_1$）的两个同心导体薄球壳，分别带有电荷 Q_1 和 Q_2，今将内球壳用细导线与远处半径为 r 的导体球相连，如图 2-2-1 所示，导体球原来不带电，试求相连后导体球所带电荷 q。

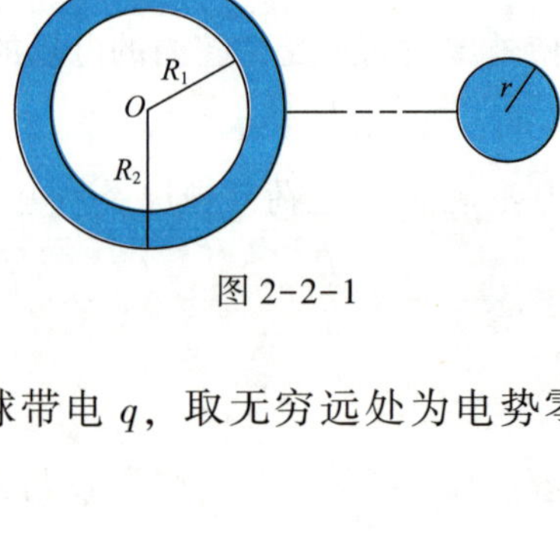

图 2-2-1

解 设导体球带电 q，取无穷远处为电势零点，则导体球电势为

笔记

$$U_0 = \frac{q}{4\pi\varepsilon_0 r}$$

内球壳电势为

$$U_1 = \frac{Q_1 - q}{4\pi\varepsilon_0 R_1} + \frac{Q_2}{4\pi\varepsilon_0 R_2}$$

二者等电势，即

$$\frac{q}{4\pi\varepsilon_0 r} = \frac{Q_1 - q}{4\pi\varepsilon_0 R_1} + \frac{Q_2}{4\pi\varepsilon_0 R_2}$$

解得

$$q = \frac{r(R_2 Q_1 + R_1 Q_2)}{R_2(R_1 + r)}$$

【同步训练题】

（1）如图 2-2-2 所示，一厚度为 d 的无限大均匀带电导体板，电荷面密度为 σ，求板的两侧离板面距离均为 h 的两点 a、b 之间的电势差。

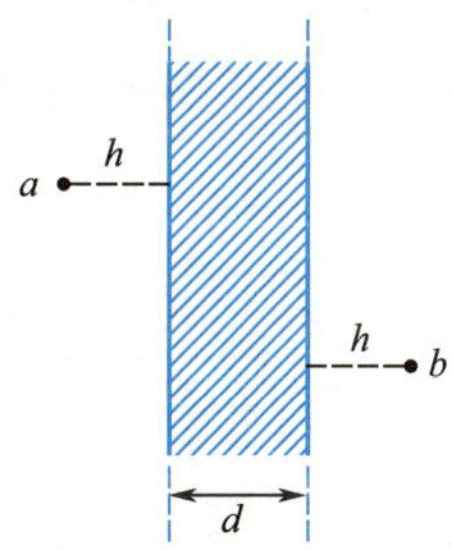

图 2-2-2

（2）如图 2-2-3 所示，一内半径为 a、外半径为 b 的金属球壳带有电荷 Q，在球壳空腔内距离球心 r 处有一点电荷 q。设无限远处为电势零点，试求：Q1：球壳内外表面上的电荷；Q2：球心 O 点处，由球壳内表面上电荷产生的电势；Q3：球心 O 点处的总电势。

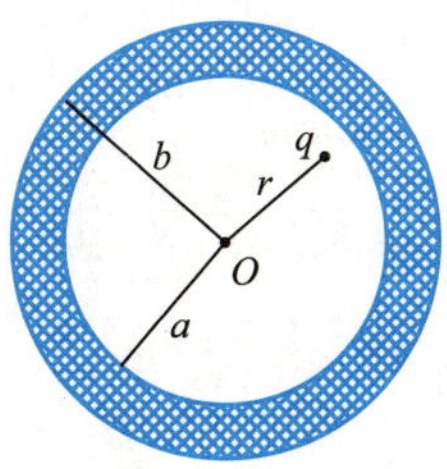

图 2-2-3

笔记

（3）假设从无限远处陆续移来微量电荷使一半径为 R 的导体球带电。求：Q1：当球上已带有电荷 q 时，再将一个电荷元 $\mathrm{d}q$ 从无限远处移到球上的过程中，外力做多少功；Q2：使球上电荷从零开始增加到 Q 的过程中，外力共做多少功？

（4）试证明静电平衡条件下导体表面单位面积受的力为 $\boldsymbol{f}=\dfrac{\sigma^2}{2\varepsilon_0}\boldsymbol{e}_n$，其中 σ 为电荷密度，$\boldsymbol{e}_n$ 为表面的外法线的单位矢量。此力方向与电荷的符号无关，总是指向导体外部。

【同步训练题答案】

（1）$U_{ab}=0$

（2）Q1：金属球壳的内表面上有感生电荷 $-q$，外表面上带电荷 $q+Q$；

Q2：$U=\dfrac{-q}{4\pi\varepsilon_0 a}$；Q3：$U=\dfrac{q}{4\pi\varepsilon_0}\left(\dfrac{1}{r}-\dfrac{1}{a}+\dfrac{1}{b}\right)+\dfrac{Q}{4\pi\varepsilon_0 b}$

（3）Q1：$\mathrm{d}A=\dfrac{q}{4\pi\varepsilon_0 R}\mathrm{d}q$；Q2：$A=\dfrac{Q^2}{8\pi\varepsilon_0 R}$

（4）证明略

第3部分

磁　　学

提示：打开“九斗”APP，点击“⌈⌋”，全屏扫描下图即可进行互动学习。

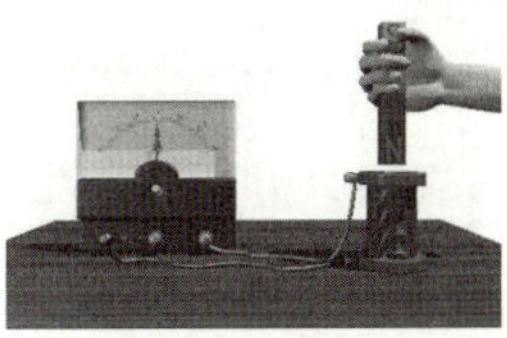

电磁感应

提示：打开“九斗”APP，点击“⌈⌋”，全屏扫描下图即可进行互动学习。

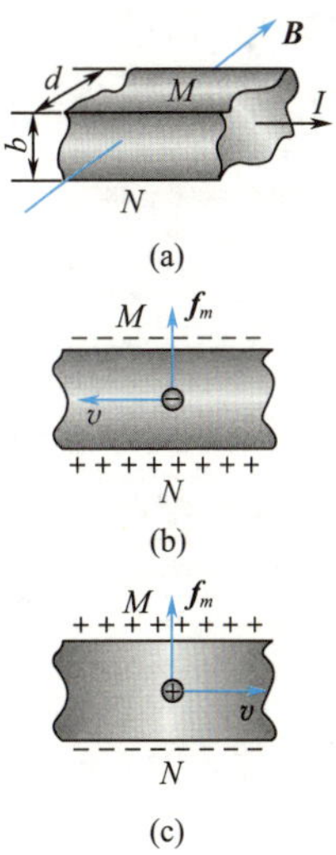

霍尔效应

笔记

第1章 恒定磁场

【知识要点】

1.1 电流和电流密度

1.1.1 电流

电流强度：单位时间内通过导体任一截面的电量，即

$$I = \frac{dq}{dt}$$

1.1.2 电流密度

电流密度$\boldsymbol{j}$：单位时间内通过该点附近垂直于正电荷运动方向的单位面积的电荷，其方向为该点正电荷的运动方向，即

$$I = \iint_S \boldsymbol{j} \cdot d\boldsymbol{S}$$

1.1.3 电流的连续性方程和恒定电流

电流的连续性方程： $$\oint\!\!\!\oint_S \boldsymbol{j} \cdot d\boldsymbol{S} = -\frac{dQ_i}{dt}$$

恒定电流条件： $$\oint\!\!\!\oint_S \boldsymbol{j} \cdot d\boldsymbol{S} = 0$$

1.1.4 欧姆定律的微分形式

欧姆定律的微分形式：通过导体中任一点的电流密度与电场强度成正比，两者方向相同，即

$$\boldsymbol{j} = \frac{1}{\rho}\boldsymbol{E} = \gamma \boldsymbol{E}$$

式中，ρ 为导体的电阻率；γ 为导体的电导率。

1.2 电源和电动势

电源：能够提供非静电场力的装置。

电源的电动势：单位正电荷绕闭合回路一周时，非静电场力所作的功，即

笔记

$$\varepsilon = \oint \boldsymbol{E}_{\mathrm{k}} \cdot \mathrm{d}\boldsymbol{l}$$

1.3 磁场和磁感应强度

磁场：运动电荷在其周围所激发的物质场。

磁感应强度：大小为电荷沿与磁场垂直方向运动时所受的力与其电量和速率乘积的比值，即

$$B = \frac{F_{\perp}}{qv}$$

方向：正电荷 $\boldsymbol{F}_{\max} \times \boldsymbol{v}$ 的方向。

1.4 毕奥-萨伐尔定律

1.4.1 毕奥-萨伐尔定律

毕奥-萨伐尔磁感应强度：

$$\mathrm{d}\boldsymbol{B} = \frac{\mu_0}{4\pi}\frac{I\mathrm{d}\boldsymbol{l} \times \boldsymbol{r}}{r^3}$$

1.4.2 毕奥-萨伐尔定律应用举例

直电流的磁感应强度：

$$B = \frac{\mu_0 I}{4\pi r_0}(\cos\theta_1 - \cos\theta_2)$$

$\boldsymbol{B}$ 的方向与电流流向满足右手螺旋定则。

圆电流在其轴线上的磁感应强度：

$$B = \frac{\mu_0 I R^2}{2(R^2 + x^2)^{\frac{3}{2}}}$$

$\boldsymbol{B}$ 的方向与电流流向满足右手螺旋定则。

1.4.3 运动电荷的磁场

运动电荷的磁感应强度： $\boldsymbol{B} = \frac{\mu_0}{4\pi}\frac{q\boldsymbol{v} \times \boldsymbol{r}}{r^3}$

1.5 磁通量和磁场的高斯定理

1.5.1 磁感应线

磁感应线：为了形象地描述磁场在空间的分布，在磁场中画出一系列假想的曲线。曲线上每一点的切线方向表示该点场强的方向，曲线的疏密表示场强的大小。

磁感应线特性：磁感应线不会相交；磁感应线是闭合曲线；磁感应线与

笔记

电流的流向相互满足右手螺旋定则。

1.5.2 磁通量和磁场的高斯定理

磁通量：与通过磁场中某一个曲面的磁感应线数成正比，即

$$\Phi_m = \iint_S \boldsymbol{B} \cdot d\boldsymbol{S}$$

磁场的高斯定理：通过任意闭合曲面的磁通量必等于零（故磁场是无源的），即

$$\oiint_S \boldsymbol{B} \cdot d\boldsymbol{S} = 0$$

1.6 磁场的安培环路定理

1.6.1 安培环路定理

在真空的稳恒磁场中，磁感应强度 $\boldsymbol{B}$ 沿任一闭合路径的积分的值，等于 μ_0 乘以穿过该闭合路径的各电流的代数和，即

$$\oint_l \boldsymbol{B} \cdot d\boldsymbol{l} = \mu_0 \sum_{i=1}^{n} I_i$$

1.6.2 安培环路定理的应用举例

载流长直螺线管的磁感应强度：

$$B = \mu_0 nI$$

载流螺绕环内的磁感应强度：

$$B = \frac{\mu_0 NI}{2\pi r}$$

无限长载流圆柱体的磁感应强度：

$$B = \begin{cases} \dfrac{\mu_0 Ir}{2\pi R^2}, & r \leqslant R \\ \dfrac{\mu_0 I}{2\pi r}, & r > R \end{cases}$$

【典型例题】

3-1-1 如图 3-1-1 所示，在真空中，3 种载流导线在同一平面内，电流均为 I，求它们在 O 点的磁感应强度。

解 Q1：如图 3-1-1（a）所示，长直导线在 O 点产生的磁感应强度为零，则 O 点处的总磁感应强度为 $\frac{1}{4}$ 圆弧所激发，故有

$$B_O = \frac{\mu_0 I}{2R} \times \frac{1}{4} = \frac{\mu_0 I}{8R}$$

笔记

方向垂直纸面向外。

Q2：如图 3-1-1（b）所示，将载流导线看作圆电流和长直电流，由叠加原理可得

$$B_O=\frac{\mu_0 I}{2R}-\frac{\mu_0 I}{2\pi R}$$

方向垂直纸面向里。

Q3：如图 3-1-1（c）所示，将载流导线看作 $\frac{1}{2}$ 圆电流和两段半无限长直电流，由叠加原理可得

$$B_O=\frac{\mu_0 I}{4R}+\frac{\mu_0 I}{4\pi R}+\frac{\mu_0 I}{4\pi R}=\frac{\mu_0 I}{4R}+\frac{\mu_0 I}{2\pi R}$$

方向垂直纸面向外。

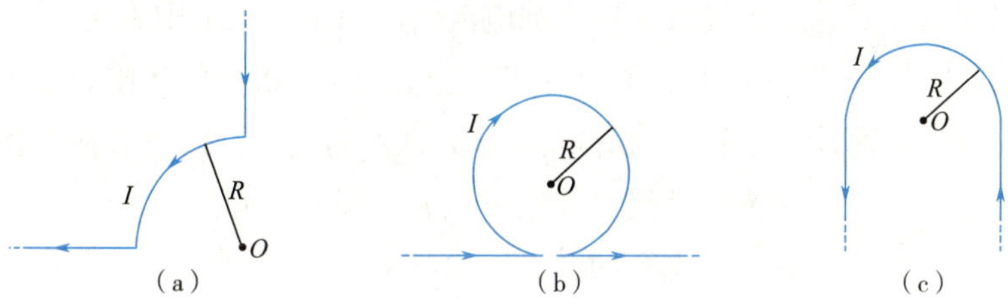

图 3-1-1

3-1-2 如图 3-1-2（a）所示，半径为 R 的木球上绕有密集的细导线，线圈平面彼此平行，且以单层线圈覆盖半个球面，设线圈的总匝数为 N，通过线圈的电流为 I。求球心 O 处的磁感应强度。

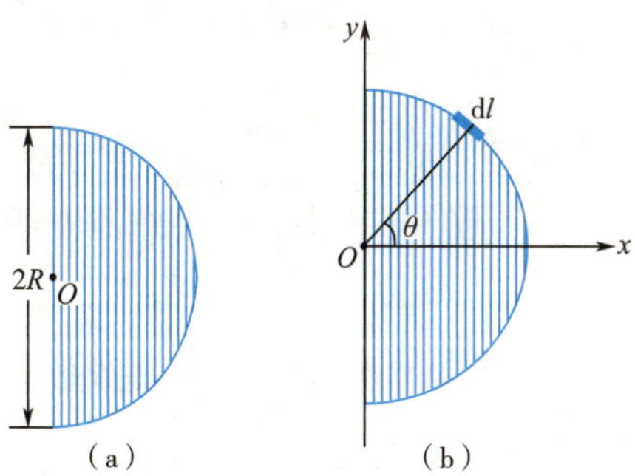

图 3-1-2

解　选取如图 3-1-2（b）所示微元，此微元等效于一个圆电流。沿圆周单位长度的线圈匝数为 $\frac{N}{\frac{1}{2}\pi R}$，通过微元的电流为

笔记

$$dI = IdN = \frac{2N}{\pi R} \cdot Rd\theta \cdot I$$

圆电流在球心 O 处激发的磁感应强度为

$$dB = \frac{\mu_0}{2} \cdot \frac{y^2}{(x^2 + y^2)^{3/2}} dI$$

总磁感应强度为

$$B = \int_0^{\frac{\pi}{2}} \frac{\mu_0}{2} \cdot \frac{y^2 I}{(x^2 + y^2)^{3/2}} \cdot \frac{2N}{\pi R} Rd\theta$$

由图可知 $x = R\cos\theta$，$y = R\sin\theta$。将它们代入上式得

$$B = \int_0^{\frac{\pi}{2}} \frac{\mu_0 NI}{\pi R} \sin^2\theta d\theta = \frac{\mu_0 NI}{4R}$$

磁感应强度方向可根据电流的流向由右手定则确定。

3-1-3 如图 3-1-3（a）所示，一半径 $R = 1.0$cm 的无限长 1/4 圆柱形金属薄片，沿轴向通有电流 $I = 10.0$A 的电流，设电流在金属片上均匀分布。求圆柱轴线上任意一点 P 的磁感应强度。

解 选坐标如图 3-1-3（b）所示，取微分元 dl，其电流为

$$dI = \frac{Idl}{\frac{1}{2}\pi R} = \frac{2IRd\theta}{\pi R} = \frac{2Id\theta}{\pi}$$

在 P 点，有

$$dB = \frac{\mu_0 dI}{2\pi R} = \frac{\mu_0}{2\pi R} \cdot \frac{2I}{\pi} d\theta = \frac{\mu_0 I}{\pi^2 R} d\theta$$

则有

$$dB_x = \frac{-\mu_0 I\sin\theta d\theta}{\pi^2 R}, \quad dB_y = \frac{-\mu_0 I\cos\theta d\theta}{\pi^2 R}$$

$$B_x = \frac{-\mu_0 I}{\pi^2 R}\int_0^{\frac{\pi}{2}} \sin\theta d\theta = \frac{-\mu_0 I}{\pi^2 R}$$

$$B_y = \frac{-\mu_0 I}{\pi^2 R}\int_0^{\frac{\pi}{2}} \cos\theta d\theta = \frac{-\mu_0 I}{\pi^2 R}$$

$$B = (B_x^2 + B_y^2)^{1/2} = \frac{\mu_0 I\sqrt{2}}{\pi^2 R} = 1.8 \times 10^{-4}\text{T}$$

方向为：$\tan\alpha = B_y/B_x = 1$，$\alpha = 225°$，α 为 $\boldsymbol{B}$ 与 x 轴正向的夹角。

笔记

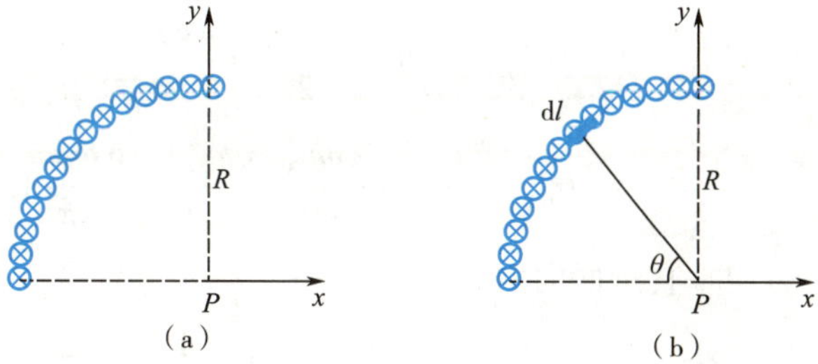

图 3-1-3

3-1-4　3 根平行长直导线在同一平面内，1、2 和 2、3 之间距离都是 $d=3\text{cm}$，其中电流 $I_1=I_2$，$I_3=-(I_1+I_2)$，方向如图 3-1-4（a）所示。试求该平面内 $B=0$ 的直线的位置。

解　建立坐标系 Ox，如图 3-1-4（b）所示，设 Ox 轴上一点 P 为 $B=0$ 的位置，其坐标为 x，在 P 点：$\boldsymbol{B}_1$ 向上，$\boldsymbol{B}_2$ 向下，$\boldsymbol{B}_3$ 向上，故有

$$\frac{\mu_0 I}{2\pi x}+\frac{2\mu_0 I}{2\pi(2d-x)}=\frac{\mu_0 I}{2\pi(d-x)}$$

$$\frac{1}{x}+\frac{2}{2d-x}=\frac{1}{d-x}$$

解得

$$x=2\text{cm}$$

故 $B=0$ 的线在 1、2 连线间，距导线 1 有 2cm，且与 1、2、3 平行（在同一平面内）。

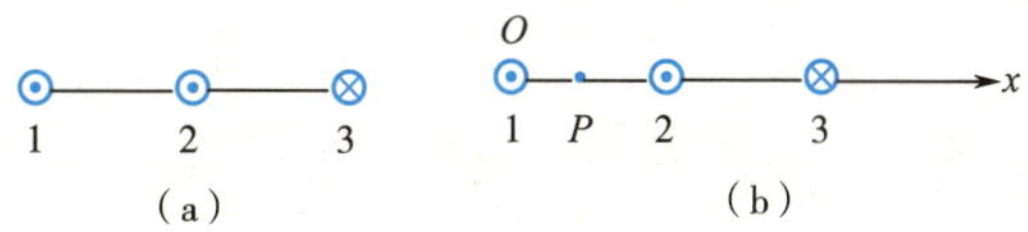

图 3-1-4

3-1-5　如图 3-1-5（a）所示，均匀带电刚性细杆 AB，线电荷密度为 λ，绕垂直于直线的轴 O 以 $\boldsymbol{\omega}$ 角速度匀速转动（O 点在细杆 AB 延长线上）。求：Q1：O 点的磁感应强度 $\boldsymbol{B}_o$；Q2：系统的磁矩 $\boldsymbol{p}_{\text{m}}$；Q3：若 $a\gg b$，求 $\boldsymbol{B}_o$ 及 $\boldsymbol{p}_{\text{m}}$。

解　Q1：如图 3-1-5（b）所示，对 $r\sim r+\text{d}r$ 段，电荷 $\text{d}q=\lambda\text{d}r$，旋转形成圆电流，则

$$\text{d}I=\frac{\text{d}q}{2\pi/\omega}=\frac{\lambda\omega}{2\pi}\text{d}r$$

笔记

它在 O 点的磁感应强度为

$$\mathrm{d}B_O=\frac{\mu_0\mathrm{d}I}{2r}=\frac{\lambda\omega\mu_0}{4\pi}\cdot\frac{\mathrm{d}r}{r}$$

$$B_O=\int\mathrm{d}B_O=\frac{\lambda\omega\mu_0}{4\pi}\int_a^{a+b}\frac{\mathrm{d}r}{r}=\frac{\lambda\omega\mu_0}{4\pi}\ln\frac{a+b}{a}$$

方向垂直纸面向内。

Q2:
$$\mathrm{d}p_{\mathrm{m}}=\pi r^2\mathrm{d}I=\frac{1}{2}\lambda\omega r^2\mathrm{d}r$$

$$p_{\mathrm{m}}=\int\mathrm{d}p_{\mathrm{m}}=\int_a^{a+b}\frac{1}{2}\lambda\omega r^2\mathrm{d}r=\lambda\omega\frac{(a+b)^3-a^3}{6}$$

方向垂直纸面向内。

Q3：在 $a\gg b$ 时，$\ln\dfrac{a+b}{a}\approx\dfrac{b}{a}$，则

$$B_O=\frac{\mu_0\omega}{4\pi}\cdot\frac{\lambda b}{a}=\frac{\omega\mu_0 q}{4\pi a}$$

过渡到点电荷的情况。

同理，在 $a\gg b$ 时，$(a+b)^3\approx a^3(1+\dfrac{3b}{a})$，则

$$p_{\mathrm{m}}=\frac{\lambda\omega}{6}a^3\cdot\frac{3b}{a}=\frac{1}{2}q\omega a^2$$

也与点电荷运动时的磁矩相同。

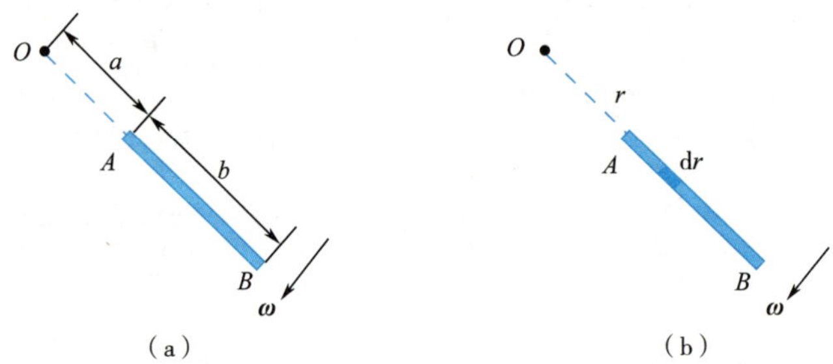

图 3-1-5

3-1-6 如图 3-1-6（a）所示，两个共面的平面带电圆环，其内外半径分别为 R_1、R_2 和 R_2、R_3，外面的圆环以每秒钟 n_2 转的转速顺时针转动，里面的圆环以每秒钟 n_1 转的转速反时针转动，若二者电荷面密度均为 σ，求 n_1 和 n_2 的比值多大时，圆心处的磁感应强度为零。

解 如图 3-1-6（b）所示，在内圆环上取半径为 r、宽度为 $\mathrm{d}r$ 的细圆环，其电荷为 $\mathrm{d}q=2\pi\sigma r\mathrm{d}r$，由于转动而形成的电流为

$$\mathrm{d}I=n_1\mathrm{d}q=2\pi rn_1\sigma\mathrm{d}r$$

笔记

微元 $\mathrm{d}I$ 在 O 点产生的磁感应强度为

$$\mathrm{d}B_1=\mu_0\frac{\mathrm{d}I}{2r}=\mu_0\pi n_1\sigma\,\mathrm{d}r$$

其方向垂直纸面向外。

整个内圆环在 O 点产生的磁感应强度为

$$B_1=\int\mathrm{d}B_1=\pi\mu_0 n_1\sigma\int_{R_1}^{R_2}\mathrm{d}r=\pi\mu_0 n_1\sigma(R_2-R_1)$$

其方向垂直纸面向外。

同理得外圆环在 O 点产生的磁感应强度为

$$B_3=\pi\mu_0 n_2\sigma(R_3-R_2)$$

其方向垂直纸面向里。

为使 O 点的磁感应强度为零，$\boldsymbol{B}_1$ 和 $\boldsymbol{B}_2$ 的量值必须相等，即

$$\pi\mu_0 n_1\sigma(R_2-R_1)=\pi\mu_0 n_2\sigma(R_3-R_2)$$

于是求得 n_1 和 n_2 之比为

$$\frac{n_1}{n_2}=\frac{R_3-R_2}{R_2-R_1}$$

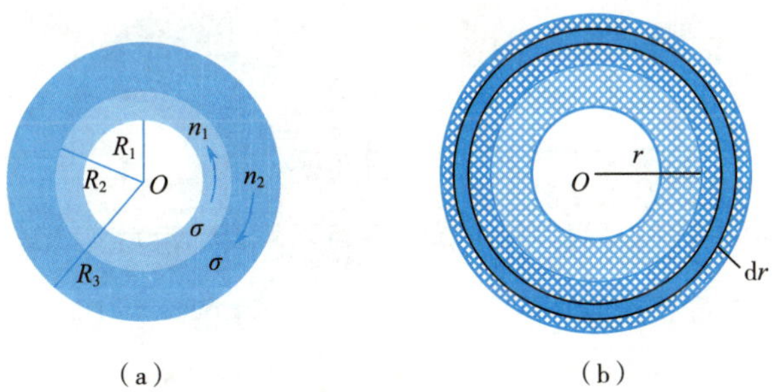

图 3-1-6

3-1-7 如图 3-1-7 所示，一无限长载流平板宽度为 a，线电流密度（即沿 x 方向单位长度上的电流）为 δ，求与平板共面且距一边为 b 的 P 点处的磁感应强度。

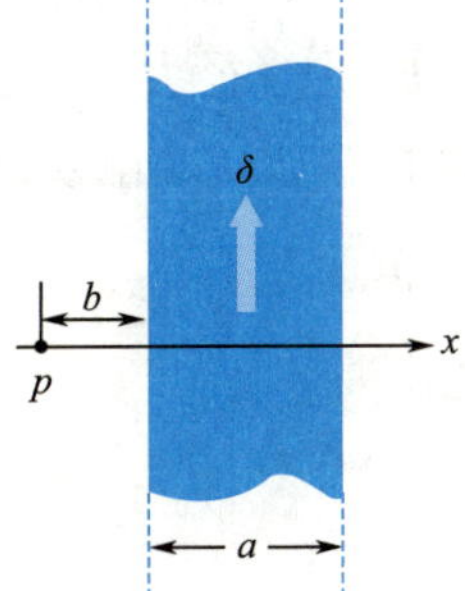

图 3-1-7

笔记

解 取离 P 点为 x，宽为 $\mathrm{d}x$ 的无限长载流细条，电流为 $\mathrm{d}I=\delta\mathrm{d}x$。此载流细条在 P 点产生的磁感应强度为

$$\mathrm{d}B=\frac{\mu_0\mathrm{d}I}{2\pi x}=\frac{\mu_0\delta\mathrm{d}x}{2\pi x}$$

方向垂直纸面向里。

所有载流长条在 P 点产生的磁感应强度的方向都相同，所以载流平板在 P 点产生的磁感应强度为

$$B=\int\mathrm{d}B=\frac{\mu_0\delta}{2\pi}\int_b^{a+b}\frac{\mathrm{d}x}{x}=\frac{\mu_0\delta}{2\pi}\ln\frac{a+b}{b}$$

方向垂直纸面向外。

3-1-8 在半径为 R 的长直圆柱形导体内部，与轴线平行地挖出一半径为 r 的长直圆柱形空腔，两轴间距离为 a，且 $a>r$，横截面如图 3-1-8 所示。现在电流 I 沿导体管流动，电流均匀分布在管的横截面上，而电流方向与管的轴线平行。求：Q1：圆柱轴线上磁感应强度的大小；Q2：空心部分轴线上磁感应强度的大小。

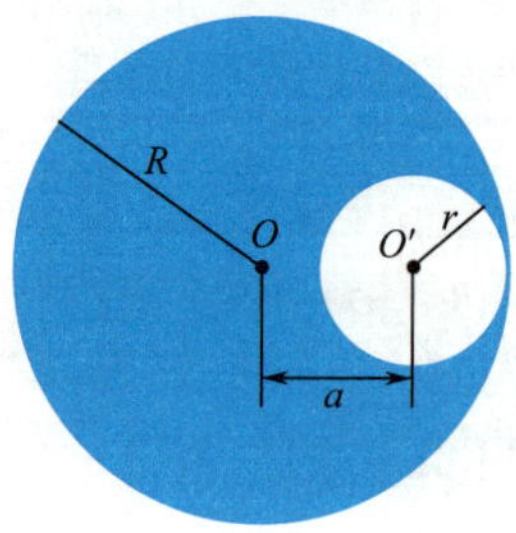

图 3-1-8

解 题述导体内电流密度大小为 $J=\frac{I}{\pi(R^2-r^2)}$，设其方向垂直纸面向外。空间任意 P 点处磁感应强度为

$$\boldsymbol{B}_P=\boldsymbol{B}_1+\boldsymbol{B}_2$$

式中，$\boldsymbol{B}_1$ 为半径为 R、电流密度为 $\boldsymbol{J}$ 的实心圆柱形导体在 P 点产生的磁感应强度，$\boldsymbol{B}_2$ 为半径为 r、电流密度为 $-\boldsymbol{J}$ 的实心圆柱型导体在 P 点产生的磁感应强度。并由安培环路定理得

$$B_1=\begin{cases}\dfrac{\mu_0J}{2}r_1, & r_1\leqslant R\\[2ex] \dfrac{\mu_0R^2J}{2r_1}, & r_1>R\end{cases}\qquad B_2=\begin{cases}\dfrac{\mu_0J}{2}r_2, & r_2\leqslant r\\[2ex] \dfrac{\mu_0r^2J}{2r_2}, & r_2>r\end{cases}$$

式中，r_1 为 P 点到 O 点的距离，r_2 为 P 点到 O' 点的距离。

笔记

Q1：圆柱轴线上 $r_1=O$，$r_2=a$，可得：

$$B_1=0,\ B_2=\frac{\mu_0 J}{2a}r^2,\ B_O=-\frac{\mu_0 J}{2a}r^2$$

方向垂直 OO' 连线向上。

Q2：空心部分轴线上 $r_1=a$，$r_2=O$，可得：

$$B_1=\frac{\mu_0 J}{2}a,\ B_2=0,\ B_{O'}=\frac{\mu_0 J}{2}a$$

方向垂直 OO' 连线向上。

3-1-9 如图 3-1-9（a）所示为两条穿过 y 轴且垂直于 xOy 平面的平行长直导线的正视图，两条导线皆通有电流 I，但方向相反，它们到 x 轴的距离皆为 a。Q1：推导出 x 轴上 P 点处的磁感应强度 $\boldsymbol{B}$。Q2：求 P 点在 x 轴上何处时，该点的 B 取得最大值。

解　Q1：利用安培环路定理可求得 1 导线在 P 点产生的磁感应强度的大小为

$$B_1=\frac{\mu_0 I}{2\pi r}=\frac{\mu_0 I}{2\pi}\cdot\frac{1}{(a^2+x^2)^{1/2}}$$

同理，2 导线在 P 点产生的磁感应强度的大小为

$$B_2=\frac{\mu_0 I}{2\pi r}=\frac{\mu_0 I}{2\pi}\cdot\frac{1}{(a^2+x^2)^{1/2}}$$

$\boldsymbol{B}_1$、$\boldsymbol{B}_2$ 的方向如图 3-1-9（b）所示。

P 点总场：

$$B_x=B_{1x}+B_{2x}=B_1\cos\theta+B_2\cos\theta$$

$$B_y=B_{1y}+B_{2y}=0$$

$$B(x)=\frac{\mu_0 Ia}{\pi(a^2+x^2)}$$

$$\boldsymbol{B}(x)=\frac{\mu_0 Ia}{\pi(a^2+x^2)}\boldsymbol{i}$$

Q2：当 $\dfrac{\mathrm{d}B(x)}{\mathrm{d}x}=0$，$\dfrac{\mathrm{d}^2B(x)}{\mathrm{d}x^2}<0$ 时，$\boldsymbol{B}(x)$ 最大。由此可得：$x=0$ 处，$\boldsymbol{B}$ 有最大值。

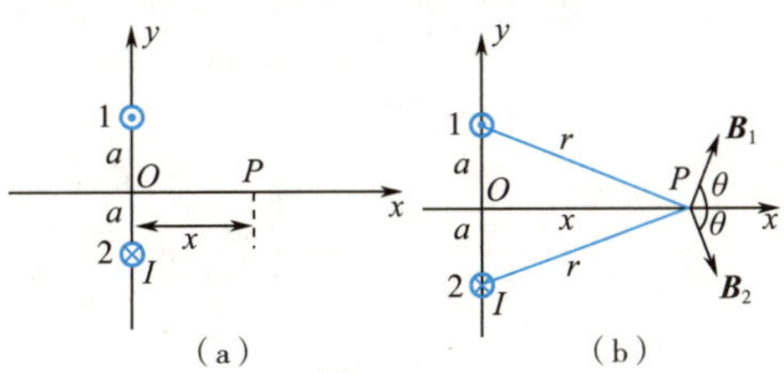

图 3-1-9

笔记

3-1-10 在真空中，有两根相互平行的无限长直导线 L_1 和 L_2，相距 0.1m，通有方向相反的电流，$I_1 = 20\text{A}$，$I_2 = 10\text{A}$，如图 3-1-10（a）所示。A、B 两点与导线在同一平面内。这两点与导线 L_2 的距离均为 5.0cm。试求 A、B 两点的磁感应强度，以及磁感应强度为零的点的位置。

解 长直导线产生的磁感应强度 $B = \dfrac{\mu_0 I}{2\pi r}$，导线 1 在 A 点所产生的磁感应强度为

$$B_1 = \frac{\mu_0 I_1}{2\pi r}$$

方向为垂直纸面向里。

导线 2 在 A 点所产生的磁感应强度为

$$B_2 = \frac{\mu_0 I_2}{2\pi r}$$

方向为垂直纸面向里。

所以 A 点处的磁感应强度的大小为

$$B_A = \frac{\mu_0 (I_1 + I_2)}{2\pi r} = 1.2 \times 10^{-4}\text{T}$$

方向为垂直纸面向里。

同理，利用长直导线在某点产生的磁感应强度公式 $B = \dfrac{\mu_0 I}{2\pi r}$，选坐标垂直于导线，坐标原点与导线 1 重合，如图 3-1-10（b）所示，得

$$B_B = \frac{\mu_0 I_1}{2\pi x} - \frac{\mu_0 I_2}{2\pi (x - d)}$$

方向为垂直纸面向里。

式中，$d = 0.1\text{m}$ 为两导线的垂直距离。

当 $x = 5 \times 10^{-2}\text{m}$ 时，有

$$B_B = \frac{\mu_0 I_1}{2\pi x} - \frac{\mu_0 I_2}{2\pi (x - d)} = -1.33 \times 10^{-5}\ \text{T}$$

实际方向垂直纸面向外。若使 $B = 0$，须 $x = 2d = 0.2\text{m}$。

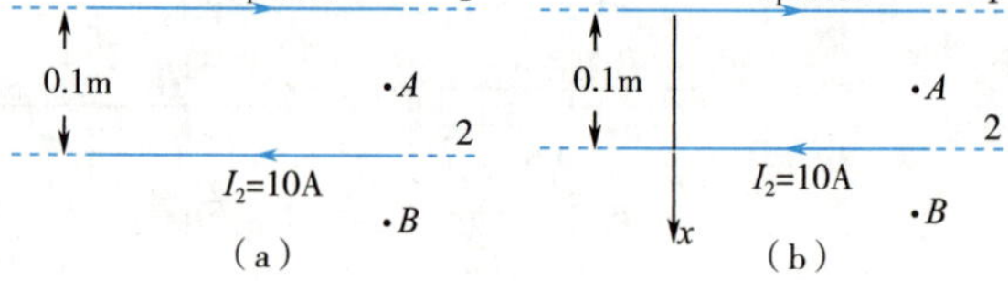

图 3-1-10

笔记

3-1-11 氢原子处在基态时，它的电子可看作是在半径 $a=0.52\times10^{-8}$cm 的轨道上作匀速圆周运动，速率 $v=2.2\times10^{8}$cm/s。求电子在轨道中心所产生的磁感应强度和电子磁矩的大小。

解

$$B=\frac{\mu_0 I}{2a}=\frac{\mu_0 ev}{4\pi a^2}=13\text{T}$$

$$p_{\text{m}}=IS=\frac{ev}{2\pi a}\pi a^2=\frac{ave}{2}=9.2\times10^{-24}\text{A}\cdot\text{m}^2$$

3-1-12 一长度为 1.30m、直径为 2.60cm 的螺线管载有 18.0A 的电流。螺线管内部的磁场为 23.0mT，求此螺线管的总匝数。

解　由长直螺线管内磁感应强度公式 $B=\mu_0 nI$，得

$$N=\frac{BL}{\mu_0 I}=2.38\times10^{4}$$

3-1-13 如图 3-1-11 所示，一半径为 R 的均匀带电无限长直圆筒，电荷面密度为 σ，该筒以角速度 $\boldsymbol{\omega}$ 绕其轴线匀速旋转。试求圆筒内部的磁感应强度。

解　如图 3-1-11 所示，圆筒旋转时相当于圆筒上具有同向的面电流密度，即

$$j=\frac{2\pi R\sigma\omega}{2\pi}=R\sigma\omega$$

作矩形有向闭合环路如图 3-1-11 所示。从电流分布的对称性分析可知，在 $\overline{ab}$ 上各点 $\boldsymbol{B}$ 的大小和方向均相同，而且 $\boldsymbol{B}$ 的方向平行于 $\overline{ab}$；在 $\overline{bc}$ 和 $\overline{fa}$ 上各点 $\boldsymbol{B}$ 的方向与线元垂直；在 $\overline{de}$、$\overline{fe}$、$\overline{cd}$ 上各点 $B=0$。应用安培环路定理 $\oint_l \boldsymbol{B}\cdot\text{d}\boldsymbol{l}=\mu_0\sum I$ 可得

$$B\overline{ab}=\mu_0 j\overline{ab}$$

$$B=\mu_0 j=\mu_0 R\sigma\omega$$

可见，圆筒内部为均匀磁场，磁感应强度的大小为 $\mu_0 R\sigma\omega$，方向平行于轴线向右。

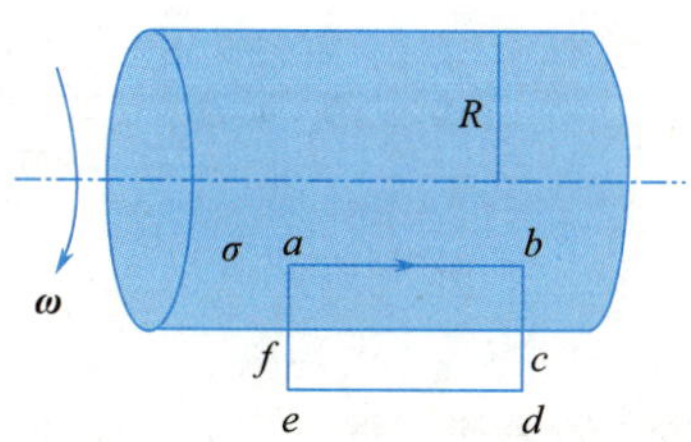

图 3-1-11

笔记

3-1-14 一无限长圆柱形铜导体（磁导率μ_0），半径为R，通有均匀分布的电流I。取一矩形平面S（长为L，宽为$2R$），位置如图 3-1-12 所示，求通过该矩形平面的磁通量。

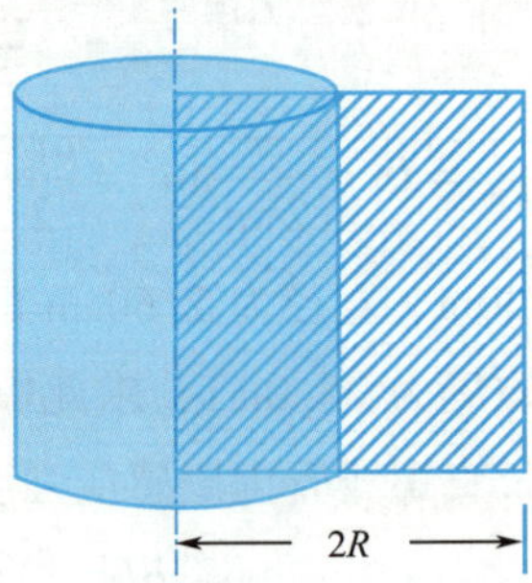

图 3-1-12

解 由安培环路定律可得，在圆柱体内部，磁感应强度的大小为

$$B=\frac{\mu_0 I}{2\pi R^2}r\ (r\leqslant R)$$

因而，穿过导体内画斜线部分平面的磁通量为

$$\Phi_1=\iint \boldsymbol{B}\cdot \mathrm{d}\boldsymbol{S}=\iint B\mathrm{d}S=\int_0^R \frac{\mu_0 I}{2\pi R^2}Lr\mathrm{d}r=\frac{\mu_0 IL}{4\pi}$$

在圆柱形导体外，磁感应强度大小为

$$B=\frac{\mu_0 I}{2\pi r}\quad (r>R)$$

因而，穿过导体外画斜线部分平面的磁通量Φ_2为：

$$\Phi_2=\iint \boldsymbol{B}\cdot \mathrm{d}\boldsymbol{S}=\iint B\mathrm{d}S=\int_R^{2R} \frac{\mu_0 IL}{2\pi r}\mathrm{d}r=\frac{\mu_0 IL}{2\pi}\ln 2$$

穿过整个矩形平面的磁通量为：

$$\Phi=\Phi_1+\Phi_2=\frac{\mu_0 IL}{4\pi}+\frac{\mu_0 IL}{2\pi}\ln 2$$

【同步训练题】

（1）将通有电流I的导线在同一平面内弯成如图 3-1-13 所示的形状，求D点的磁感应强度的大小。

笔记

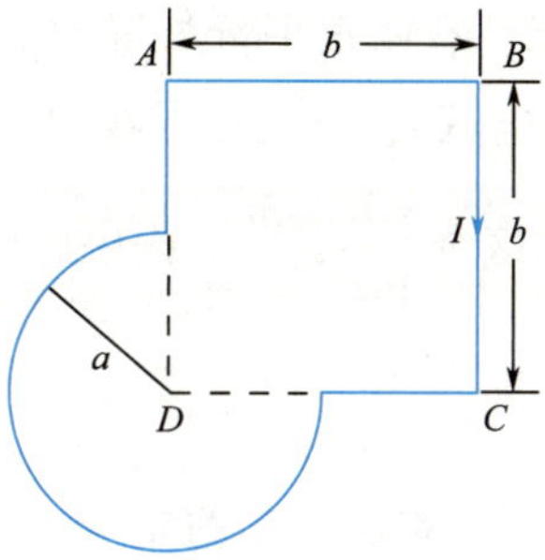

图 3-1-13

（2）如图 3-1-14 所示，一多层密绕螺线管的内半径为 R_1，外半径为 R_2，长为 $2L$，设总匝数为 N，导线很细，其中通过的电流为 I，求螺线管中心 O 点的磁感应强度。

$$\left[\text{积分公式：} \int \frac{\mathrm{d}x}{\sqrt{x^2+a^2}} = \ln\left(x+\sqrt{x^2+a^2}\right)\right]。$$

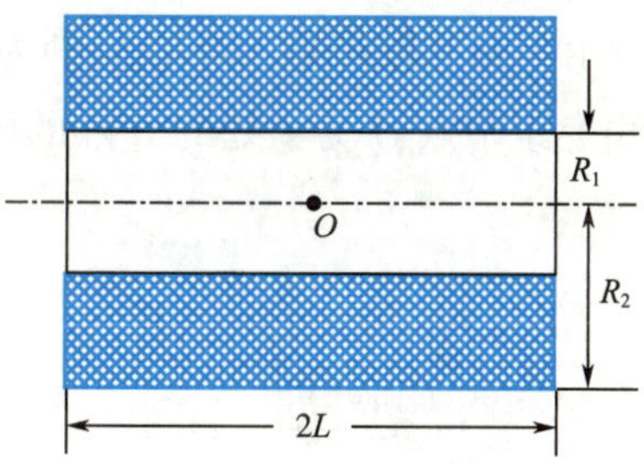

图 3-1-14

（3）半径为 R 的无限长圆筒上有一层均匀分布的面电流，这些电流环绕着轴线沿螺旋线流动并与轴线方向成 α 角。设面电流密度（沿筒面垂直电流方向单位长度的电流）的大小为 j，求轴线上的磁感应强度。

（4）两平行直导线相距 $d=40\text{cm}$，每根导线载有电流 $I_1=I_2=20\text{A}$，如图 3-1-15 所示。求：Q1：两导线所在平面内与该两导线等距离的一点处的磁感应强度；Q2：通过图中斜线所示面积的磁通量。（设 $r_1=10\text{cm}$，$r_2=20\text{cm}$，$l=25\text{cm}$）。

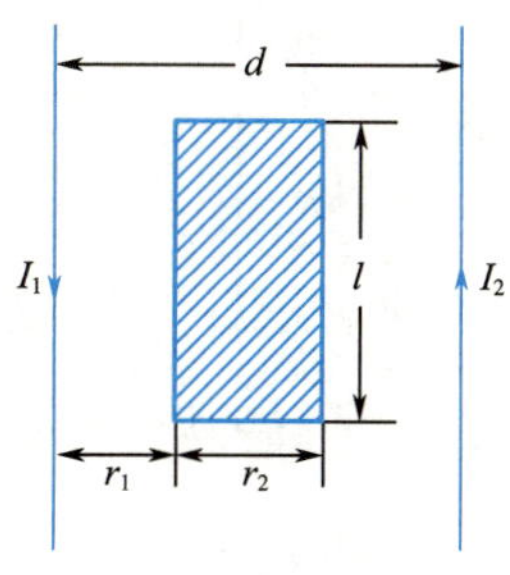

图 3-1-15

笔记

（5）如图 3-1-16 所示，有两根平行放置的长直载流导线。它们的直径为 a，反向流过相同大小的电流 I，电流在导线内均匀分布。试在图示的坐标系中求出 x 轴上两导线之间区域 $\left[\dfrac{a}{2}, \dfrac{5a}{2}\right]$ 内磁感应强度的分布。

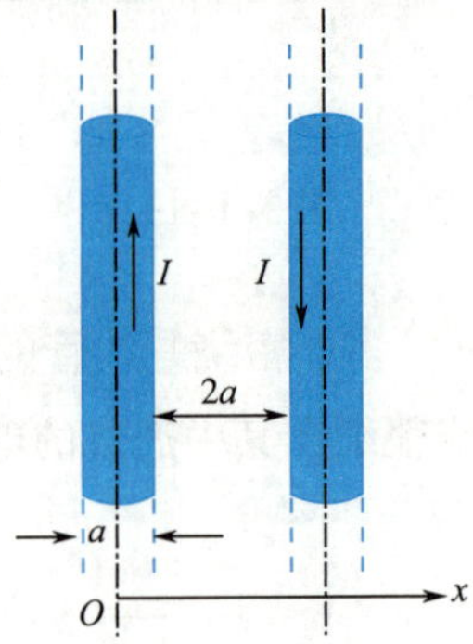

图 3-1-16

（6）如图 3-1-17 所示，两共轴线圈，半径分别为 R_1、R_2，电流为 I_1、I_2。电流的方向相反，求轴线上距中点 O 为 x 处的 P 点的磁感应强度。

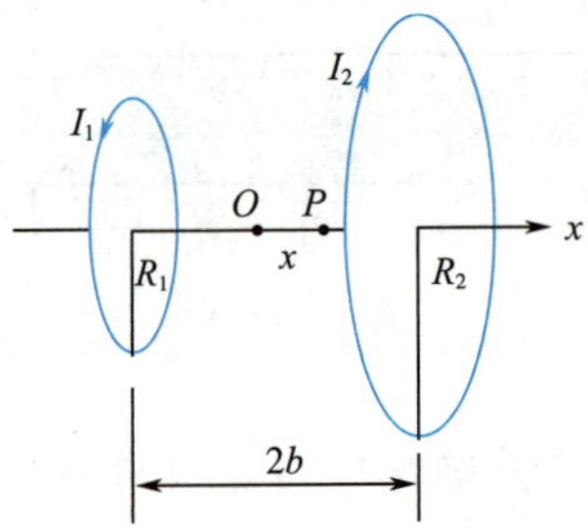

图 3-1-17

（7）如图 3-1-18 所示，绕铅直轴作匀角速度转动的圆锥摆，摆长为 l，摆球所带电荷为 q。求角速度 $\boldsymbol{\omega}$ 为何值时，该带电摆球在轴线上距悬挂点 l 处的 O 点产生的磁感应强度沿竖直方向的分量值最大。

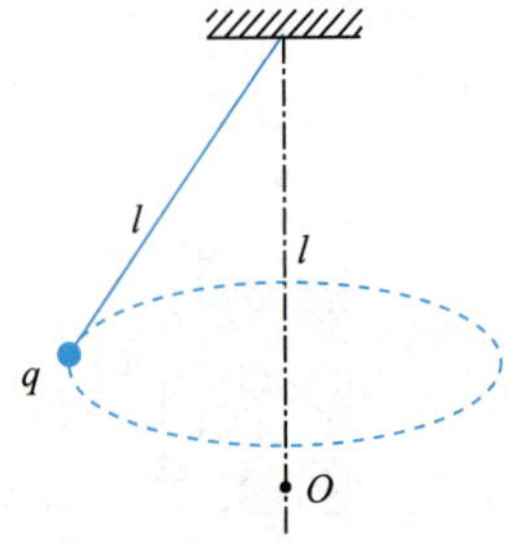

图 3-1-18

笔记

(8) 有一闭合回路由半径为 a 和 b 的两个同心共面半圆连接而成，如图 3-1-19 所示。其上均匀分布线密度为 λ 的电荷，当回路以匀角速度 $\boldsymbol{\omega}$ 绕过 O 点垂直于回路平面的轴转动时，求圆心 O 点处磁感应强度的大小。

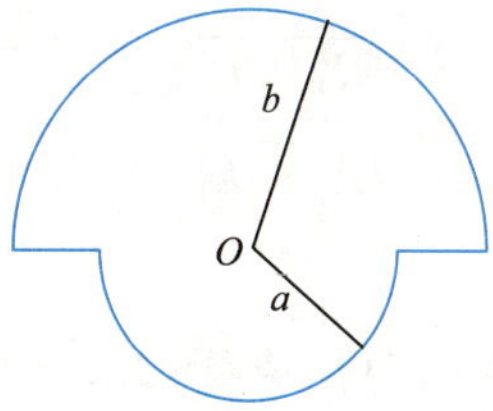

图 3-1-19

(9) 如图 3-1-20 所示，弯成半圆形的细导线紧密排列，可认为电流连续分布，在半径方向单位长度内导线的根数为 n，每根导线内通过的电流为 I，求 O 点的磁感应强度。

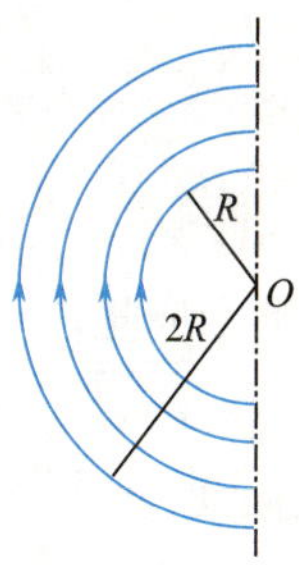

图 3-1-20

(10) 如图 3-1-21 所示，电流从内部开始沿第一根导线顺时针通过后，紧挨着沿第二根逆时针返回，如此由内到外往返。最后一根导线中的电流沿顺时针方向，设导线中的电流强度为 I，R 远大于导线的直径。求 O 点处的磁感应强度 $\boldsymbol{B}$ 的大小与方向。

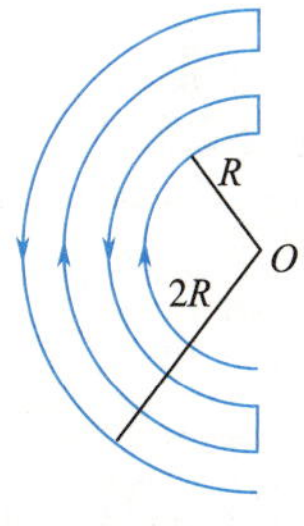

图 3-1-21

笔记

【同步训练题答案】

(1) $B=\dfrac{\mu_0 I}{4\pi}\left(\dfrac{3\pi}{2a}+\dfrac{\sqrt{2}}{b}\right)$

(2) $B=\dfrac{\mu_0 NI}{2(R_2-R_1)}\ln\dfrac{R_2+\sqrt{R_2^2+L^2}}{R_1+\sqrt{R_1^2+L^2}}$

(3) $B=\mu_0 j\sin\alpha$

(4) Q1：$B_0=4.0\times10^{-5}\text{T}$；Q2：$\Phi_m=2.2\times10^{-6}\ \text{Wb}$

(5) $B=\dfrac{\mu_0 I}{2\pi x}+\dfrac{\mu_0 I}{2\pi(3a-x)}$，$\left(\dfrac{a}{2}\leqslant x\leqslant\dfrac{5}{2}a\right)$，方向垂直$x$轴及图面向里

(6) $B=\dfrac{\mu_0}{2}\left\{\dfrac{R_1^2I_1}{[R_1^2+(b+x)^2]^{\frac{3}{2}}}-\dfrac{R_2^2I_2}{[R_2^2+(b-x)^2]^{\frac{3}{2}}}\right\}$

(7) $\omega=\sqrt{\dfrac{3g}{l}}$

(8) $B=\dfrac{\mu_0\lambda\omega}{2\pi}\left(\pi+\ln\dfrac{b}{a}\right)$

(9) $B=\dfrac{\mu_0 nI}{4}\ln2$，方向垂直纸面向里

(10) $B=\dfrac{3\mu_0 I}{16R}$，方向垂直纸面向里

笔记

第2章 磁力

【知识要点】

2.1 磁场对载流导线的作用

2.1.1 安培定律

安培力：
$$\mathrm{d}\boldsymbol{F} = I\mathrm{d}\boldsymbol{l} \times \boldsymbol{B}$$

有限长载流导线所受力：$\boldsymbol{F} = \int \mathrm{d}\boldsymbol{F} = \int I\mathrm{d}\boldsymbol{l} \times \boldsymbol{B}$

2.1.2 两根无限长平行载流直导线间的相互作用力电流单位“安培”的定义

在真空中，两根无限长载流直导线单位长度上的作用力大小为

$$F_0 = \frac{\mu_0 I_1 I_2}{2\pi a}$$

“安培”的定义：在真空中相距 1m 的两根平行长直导线，各通有相等的稳恒电流，当导线每米长度上受力为 2×10^{-7}N 时，则定义每根导线中通有的电流强度为 1 安培（A）。

2.2 磁场对载流线圈的作用

载流线圈在匀强磁场中所受的磁力矩：

$$\boldsymbol{M} = \boldsymbol{p}_{\mathrm{m}} \times \boldsymbol{B}$$

当载流线圈处于非均匀磁场中时，它不但可能受到磁力矩的作用，还可能受到不为零的合力作用。

2.3 磁力的功

载流导线在磁场中运动时磁力所做的功：

$$A = \int_{\Phi_1}^{\Phi_2} I\mathrm{d}\Phi = I\Delta\Phi$$

载流线圈在磁场中转动时磁力矩所做的功：

$$A = \int_{\Phi_1}^{\Phi_2} I\mathrm{d}\Phi = I\Delta\Phi$$

笔记

2.4 电磁场对运动电荷的作用

2.4.1 洛伦兹力

洛伦兹力：$\boldsymbol{f}=q\boldsymbol{v}\times\boldsymbol{B}$

洛伦兹力的性质：只改变速度的方向，永远不做功。

2.4.2 洛伦兹力与安培力的关系

区别：洛伦兹力永远不做功，安培力可以做功。

联系：安培力是洛伦兹力的一个分量的宏观体现。

2.4.3 带电粒子在均匀磁场中的运动

（1）运动电荷在匀强磁场中运动，且运动速度 $\boldsymbol{v}$ 与磁感应强度 $\boldsymbol{B}$ 垂直。

回转半径：$$R=\frac{mv}{qB}$$

回转周期和频率：$$T=\frac{2\pi m}{qB},\ f=\frac{qB}{2\pi m}$$

（2）运动电荷在匀强磁场中运动，且运动速度 $\boldsymbol{v}$ 与磁感应强度 $\boldsymbol{B}$ 之间的夹角为 θ 。

螺距：$$d=\frac{2\pi mv\cos\theta}{qB}$$

2.4.4 带电粒子在电场和磁场中的运动

电子比荷的测定：$$\frac{e}{m}=\frac{E}{RB^2}$$

质谱仪：$$m=\frac{qB'R}{v}$$

回旋加速器：$$v=\frac{qBR_0}{m}$$

霍尔效应：$$U_{\mathrm{H}}=R_{\mathrm{H}}\frac{IB}{a}$$

【典型例题】

3-2-1 如图 3-2-1 所示，载有电流 I_1 和 I_2 的无限长直导线相互平行，相距 $3r$，现有载有电流 I_3、水平放置的导线 $MN=r$，其两端 M、N 与 I_1、I_2 的距离均为 r，3 条导线共面，求导线 MN 所受的磁场力的大小与方向。

笔记

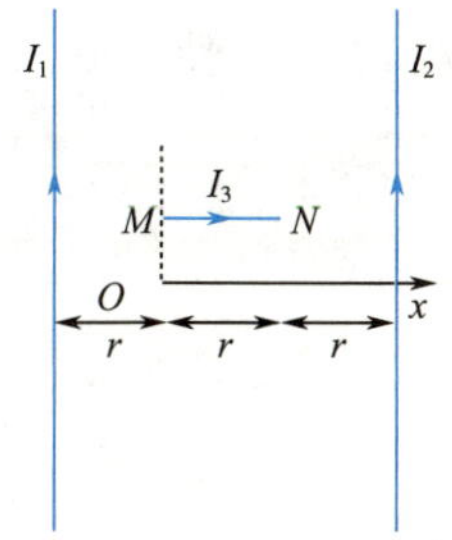

图 3-2-1

解　建立如图 3-2-1 所示坐标系 Ox，载流导线 MN 上任一点处的磁感应强度大小为

$$B = \frac{\mu_0 I_1}{2\pi(r+x)} - \frac{\mu_0 I_2}{2\pi(2r-x)}$$

MN 上电流元 $I_3\mathrm{d}x$ 所受磁力为

$$\mathrm{d}F = I_3 B\mathrm{d}x = I_3\left[\frac{\mu_0 I_1}{2\pi(r+x)} - \frac{\mu_0 I_2}{2\pi(2r-x)}\right]\mathrm{d}x$$

$$F = I_3\int_0^r\left[\frac{\mu_0 I_1}{2\pi(r+x)} - \frac{\mu_0 I_2}{2\pi(2r-x)}\right]\mathrm{d}x$$

$$= \frac{\mu_0 I_3}{2\pi}(I_1 - I_2)\ln 2$$

若 $I_2 > I_1$，则 $\boldsymbol{F}$ 的方向向下；若 $I_2 < I_1$，则 $\boldsymbol{F}$ 的方向向上。

3-2-2　一线圈由半径为 0.2m 的 $\frac{1}{4}$ 圆弧和相互垂直的二直线组成，通以电流 2A，把它放在磁感应强度为 0.5T 的垂直纸面向里的均匀磁场中，如图 3-2-2 所示。求：Q1：线圈平面与磁场垂直时，圆弧 AC 所受的磁力；Q2：线圈正法线方向和磁场成 30°时，线圈所受的磁力矩。

解　Q1：在均匀磁场中，AC 通电圆弧所受的磁力与通有相同电流的 $\overline{AC}$ 直线所受的磁力相等，故有

$$F_{AC} = F_{\overline{AC}} = I\sqrt{2}RB = 0.283\text{N}$$

方向与 AC 直线垂直，与 OC 夹角 45°，如图 3-2-2 所示。

Q2：线圈的磁矩为

$$\boldsymbol{p}_\mathrm{m} = IS\boldsymbol{n} = 0.02\pi\boldsymbol{n}$$

磁力矩大小为

$$|\boldsymbol{M}| = |\boldsymbol{p}_\mathrm{m} \times \boldsymbol{B}| = p_\mathrm{m}B\sin 30°$$

笔记

$$M = 1.57 \times 10^{-2}\text{N} \cdot \text{m}$$

方向：力矩 $\boldsymbol{M}$ 将驱使线圈法线转向与 $\boldsymbol{B}$ 平行。

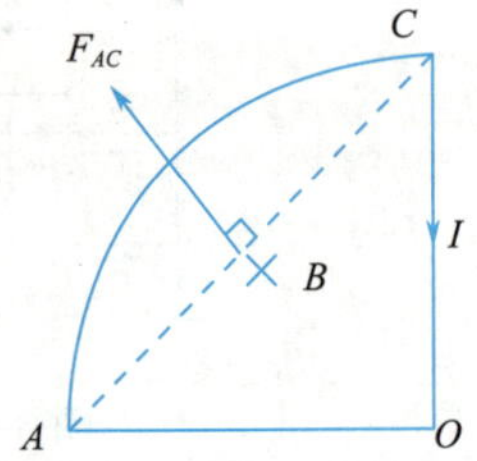

图 3-2-2

3-2-3 一半径为 R 的无限长半圆柱面型导体，与轴线上的长直导线载有等值相反的电流 I，如图 3-2-3（a）所示。求无限长半圆柱面电流单位长度上所受的力。

解 作俯视图如图 3-2-3（b）所示，半圆柱面上的电流密度为 $\frac{I}{\pi R}$，在半圆柱面取宽度 $\mathrm{d}l = R\mathrm{d}\theta$ 的细长条带，所载电流方向垂直纸面向里，大小为 $\frac{I}{\pi R}\mathrm{d}l$。轴线处的长直导线在该处产生磁感应强度 $\boldsymbol{B}$ 的方向如图 3-2-3（b）所示，大小为 $B = \frac{\mu_0 I}{2\pi R}$，则细长条带上单位长度所受磁场力 $\mathrm{d}\boldsymbol{F}$ 方向如图 3-2-3（b）所示，大小为

$$\mathrm{d}F = \frac{I}{\pi R}\mathrm{d}l \cdot \frac{\mu_0 I}{2\pi R} = \frac{\mu_0 I^2}{2\pi^2 R}\mathrm{d}\theta$$

在半圆柱面型导体上对称位置取宽度为 $\mathrm{d}l'$ 的载流细条带，单位长度上所受磁场力 $\mathrm{d}\boldsymbol{F}'$ 如图 3-2-3（b）所示。显然，$\mathrm{d}\boldsymbol{F}$ 和 $\mathrm{d}\boldsymbol{F}'$ 在 x 方向的分量大小相等，方向相反，相互抵消，y 方向的分量相互加强，且有

$$\mathrm{d}F_y = \mathrm{d}F\sin\theta = \frac{\mu_0 I^2}{2\pi^2 R}\sin\theta\mathrm{d}\theta$$

半圆柱面型导体上单位长度所受磁场力为

$$F = F_y = \int \mathrm{d}F_y = \int_0^{\pi} \frac{\mu_0 I^2}{2\pi^2 R}\sin\theta\mathrm{d}\theta = \frac{\mu_0 I^2}{\pi^2 R}$$

方向沿 y 轴正向，为排斥力。

笔记

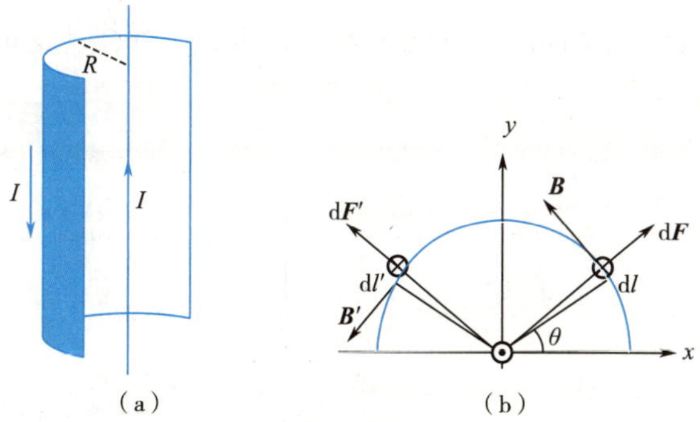

图 3-2-3

3-2-4 如图 3-2-4（a）所示，一直导线通以电流 I_1，其下有一矩形框与导线在同一铅直面内，线框中通有电流 I_2。若要使线框不致下落，I_2 的方向应如何？线框的最大重力是多少？

解　设电流 I_2 为顺时针方向，根据安培定律，线框各边所受磁场力如图 3-2-4（b）所示。其中 $\boldsymbol{F}_3$ 和 $\boldsymbol{F}_4$ 大小相等，方向相反，相互抵消；$\boldsymbol{F}_1$ 和 $\boldsymbol{F}_2$ 的大小分别为

$$F_1=\frac{\mu_0 I_1 I_2 b}{2\pi d},\quad F_2=\frac{\mu_0 I_1 I_2 b}{2\pi\cdot 2d}$$

线框所受合力为

$$F=\frac{\mu_0 I_1 I_2 b}{2\pi d}-\frac{\mu_0 I_1 I_2 b}{4\pi d}=\frac{\mu_0 I_1 I_2 b}{4\pi d}$$

方向向上，与向下的重力平衡。

因此，假设 I_2 取顺时针方向是正确的。线框的最大重力即线框对直导线的最大作用力，其量值应等于线框所受的安培力，即

$$G=F=\frac{\mu_0 I_1 I_2 b}{4\pi d}$$

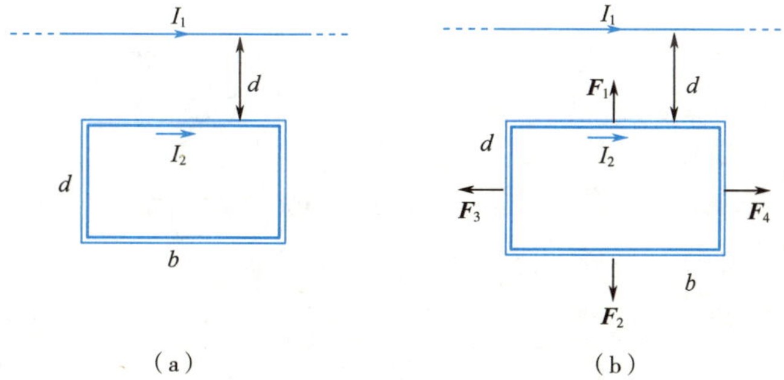

图 3-2-4

笔记

3-2-5 通有电流 I 的长直导线在一平面内被弯成如图 3-2-5 所示形状，放于垂直进入纸面的均匀磁场 $\boldsymbol{B}$ 中，求整个导线所受的安培力（R 为已知）。

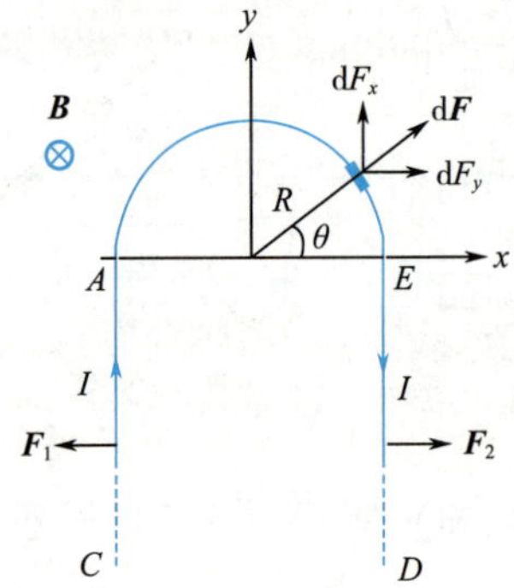

图 3-2-5

解 长直导线 AC 和 ED 受力大小相等，方向相反，且在同一直线上，故合力为零。现计算半圆部分受力，取电流元 $I\mathrm{d}\boldsymbol{l}$，则

$$\mathrm{d}\boldsymbol{F} = I\mathrm{d}\boldsymbol{l} \times \boldsymbol{B}$$

即有

$$\mathrm{d}F = IRB\mathrm{d}\theta$$

由于对称性 $\sum \mathrm{d}F_x = 0$，故

$$F = F_y = \int \mathrm{d}F_y = \int_0^{\pi} IRB\sin\theta\mathrm{d}\theta = 2RIB$$

方向沿 y 轴正向。

3-2-6 在 xOy 平面内有一圆心在 O 点的圆线圈，通以顺时针绕向的电流 I_1，另有一无限长直导线与 y 轴重合，通以电流 I_2，方向向上，如图 3-2-6 所示。求此时圆线圈所受的磁力。

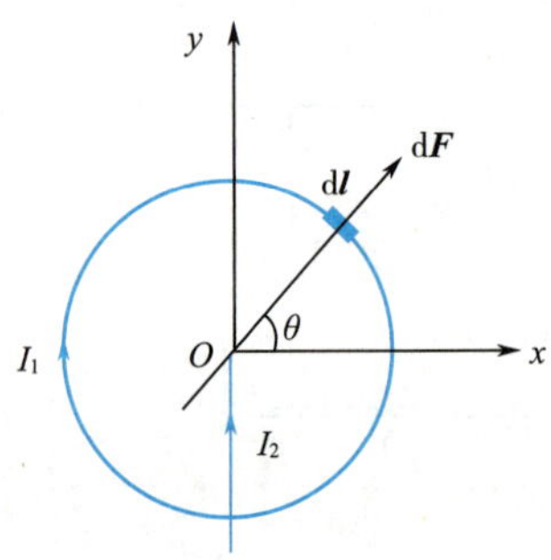

图 3-2-6

笔记

解　设圆半径为 R，选一微分元 $\mathrm{d}\boldsymbol{l}$，它所受磁力大小为

$$\mathrm{d}F = I_1\mathrm{d}\boldsymbol{l}\cdot\boldsymbol{B}$$

由于对称性，y 轴方向的合力为零，所以磁力为

$$\mathrm{d}F_x = \mathrm{d}F\cos\theta = I_1R\mathrm{d}\theta\frac{\mu_0I_2}{2\pi R\cos\theta}\cos\theta = \frac{\mu_0I_1I_2}{2\pi}\mathrm{d}\theta$$

$$F = F_x = \int_0^{2\pi}\frac{\mu_0I_1I_2}{2\pi}\mathrm{d}\theta = \mu_0I_1I_2$$

3-2-7　如图 3-2-7（a）所示，两根相互绝缘的无限长直导线 1 和 2 铰接于 O 点，两导线间夹角为 θ，通有相同的电流 I。求单位长度的导线所受磁力对 O 点的力矩。

解　在任一根导线上（如导线 2）取一线元 $\mathrm{d}l$，该线元距 O 点为 l。磁感应强度为

$$B = \frac{\mu_0I}{2\pi l\sin\theta}$$

方向垂直于纸面向里。

电流元 $I\mathrm{d}\boldsymbol{l}$ 受到的磁力为：$\mathrm{d}\boldsymbol{F} = I\mathrm{d}\boldsymbol{l}\times\boldsymbol{B}$，其大小为

$$\mathrm{d}F = IB\mathrm{d}l = \frac{\mu_0I^2\mathrm{d}l}{2\pi l\sin\theta}$$

方向垂直于导线 2，如图 3-2-7（b）所示。

该力对 O 点的力矩为

$$\mathrm{d}M = l\mathrm{d}F = \frac{\mu_0I^2\mathrm{d}l}{2\pi\sin\theta}$$

任一段单位长度导线所受磁力对 O 点的力矩为

$$M = \int\mathrm{d}M = \frac{\mu_0I^2}{2\pi\sin\theta}\int_l^{l+1}\mathrm{d}l = \frac{\mu_0I^2}{2\pi\sin\theta}$$

导线 2 所受力矩方向垂直图面向上，导线 1 所受力矩方向与此相反。

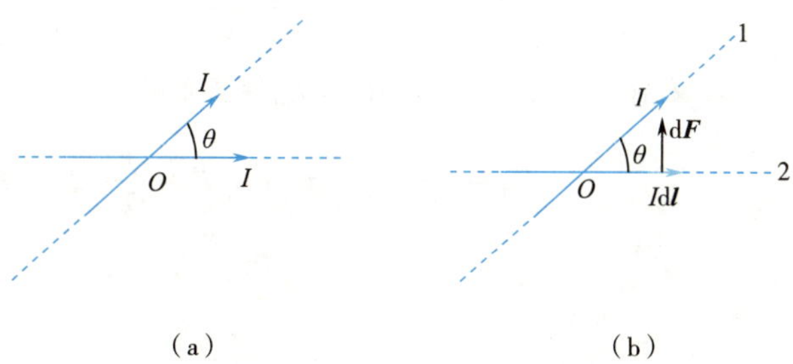

图 3-2-7

笔记

3-2-8 一圆线圈的半径为 R，载有电流 I，置于均匀外磁场 $\boldsymbol{B}$ 中(图 3-2-8)。在不考虑载流圆线圈本身所激发的磁场的情况下，求线圈导线上的张力（载流线圈的法线方向规定与 $\boldsymbol{B}$ 的方向相同)。

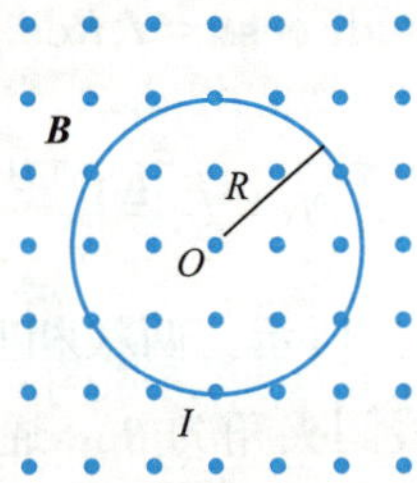

图 3-2-8

解　考虑半圆形载流导线所受的安培力为

$$F_m = IB \cdot 2R$$

列出力的平衡方程式

$$IB \cdot 2R = 2T$$

因此

$$T = IBR$$

3-2-9 如图 3-2-9（a）所示，将一无限大均匀载流平面放入均匀磁场中(设均匀磁场方向沿 Ox 轴正方向且其电流方向与磁场方向垂直指向纸内)。已知放入后平面两侧的总磁感应强度分别为 $\boldsymbol{B}_1$ 与 $\boldsymbol{B}_2$，求该载流平面上单位面积所受的磁场力的大小及方向。

解　设 i 为载流平面的面电流密度，$\boldsymbol{B}$ 为无限大载流平面产生的磁场，$\boldsymbol{B}_0$ 为均匀磁场的磁感应强度，作安培环路 $abcda$ 如图 3-2-9（b）所示，由安培环路定理 $\oint \boldsymbol{B} \cdot d\boldsymbol{l} = \mu_0 \sum I_i$ 得

$$Bh + Bh = \mu_0 ih$$

所以

$$B = \frac{1}{2}\mu_0 i$$

又由 $B_1 = B_0 - B$，$B_2 = B_0 + B$ 得

$$B_0 = \frac{1}{2}(B_1 + B_2),\quad B = \frac{1}{2}(B_2 - B_1)$$

$$i = \frac{B_2 - B_1}{\mu_0}$$

在无限大平面上沿 z 轴方向上取长 dl，沿 x 轴方向取宽 da，则其面积为 $dS = dl \cdot da$ 面元所受的安培力为

笔记

$$\mathrm{d}\boldsymbol{F}=i\mathrm{d}a\mathrm{d}lB_0(-\boldsymbol{j})=i\mathrm{d}SB_0(-\boldsymbol{j})$$

单位面积所受的力

$$\frac{\mathrm{d}\boldsymbol{F}}{\mathrm{d}S}=iB_0(-\boldsymbol{j})=-\frac{B_2^2-B_1^2}{2\mu_0}\boldsymbol{j}$$

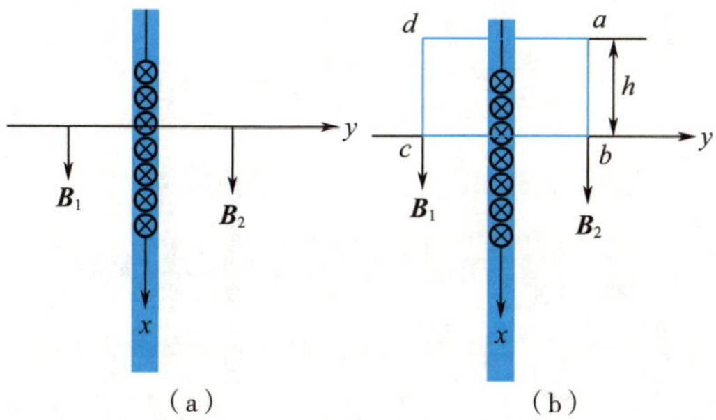

图 3-2-9

3-2-10 半径为 R 的圆盘带有电荷，其电荷面密度 $\sigma=kr$，k 是常数，r 为圆盘上一点到圆心的距离，圆盘放在一均匀磁场 $\boldsymbol{B}$ 中，其法线方向与 $\boldsymbol{B}$ 垂直，如图 3-2-10（a）所示。当圆盘以角速度 $\boldsymbol{\omega}$ 绕过圆心 O 点，且垂直于圆盘平面的轴作逆时针旋转时，求圆盘所受磁力矩的大小和方向。

解　坐标选取如图 3-2-10（b）所示，则

$$\mathrm{d}I=\frac{\sigma 2\pi r\mathrm{d}r}{T}=\sigma\omega r\mathrm{d}r=k\omega r^2\mathrm{d}r$$

$$\mathrm{d}p_{\mathrm{m}}=\pi k\omega r^4\mathrm{d}r$$

$$\mathrm{d}M=B\pi k\omega r^4\mathrm{d}r$$

$$M=\int_0^R B\pi k\omega r^4\mathrm{d}r=\frac{1}{5}B\pi k\omega R^5$$

磁力矩的方向垂直纸面向里。

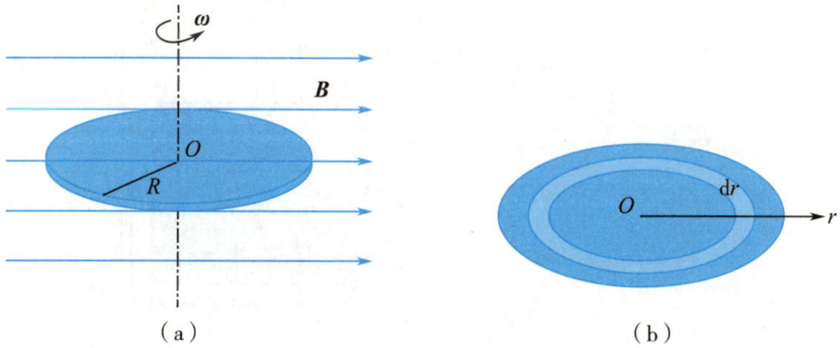

图 3-2-10

笔记

3-2-11 如图 3-2-11 所示，有一无限大平面导体薄板，自下而上均匀通有电流。已知其面电流密度为 $\boldsymbol{i}$。求：Q1：板外空间任一点的磁感应强度；Q2：有一质量为 m、带正电荷 q 的粒子，以速度 $\boldsymbol{v}$ 沿平板法线方向向外运动，求带电粒子最初至少在距平板什么位置处才不与大平板碰撞，需经多长时间才能回到初始位置？

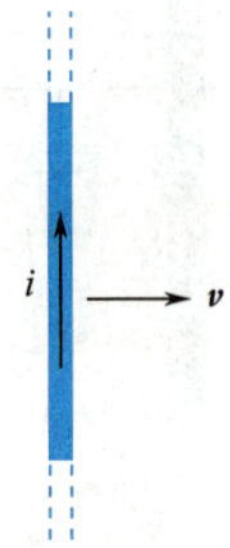

图 3-2-11

解 Q1：由安培环路定理可得

$$B = \frac{1}{2}\mu_0 i$$

方向在板右侧垂直纸面向里。

Q2：由洛伦兹力公式可求出

$$R = \frac{mv}{qB}$$

至少从距板 R 处开始向外运动，返回时间为

$$T = \frac{2\pi R}{v} = \frac{4\pi m}{q\mu_0 i}$$

3-2-12 如图 3-2-12 所示，一无净电荷的金属块是一扁长方体，边长分别为 a、b、c，且 a、b 都远大于 c。金属块在磁感应强度为 $\boldsymbol{B}$ 的磁场中，以速度 $\boldsymbol{v}$ 运动。求：Q1：金属块中的电场强度；Q2：金属块上的面电荷密度。

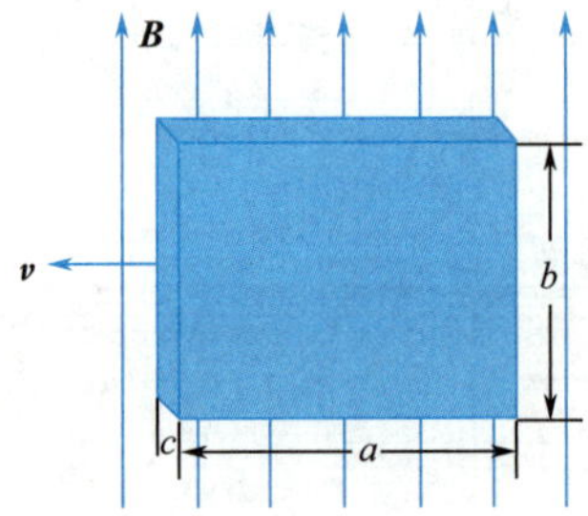

图 3-2-12

笔记

解 Q1：运动导体中的自由电子受洛伦兹力的作用垂直于纸面向外运动，从而在外表面上积累了负电荷，内表面上积累了正电荷。该电荷分布建立的电场向外。当自由电子受到的电场力与洛伦兹力作用达到平衡时，电场强度为

$$E = vB$$

或写成矢量形式为

$$\boldsymbol{E} = -\boldsymbol{v} \times \boldsymbol{B}$$

Q2：面电荷只出现在内外表面，内表面带正电，外表面带负电，二者面电荷密度的大小相等。设面电荷密度为 σ，则由高斯定理可以求得

$$\sigma = \varepsilon_0 E = \varepsilon_0 vB$$

3-2-13 在一顶点为 45° 的扇形区域，有磁感应强度为 $\boldsymbol{B}$、方向垂直指向纸面内的均匀磁场，如图 3-2-13（a）所示。现有一电子（质量为 m，电荷为 $-e$）在底边距顶点 O 为 l 的地方，以垂直底边的速度 $\boldsymbol{v}$ 射入该磁场区域，若要使电子不从上面边界跑出，电子的速度最大不应超过多少？

解 电子进入磁场作圆周运动，圆心在底边上。当电子轨迹与上面边界相切时，对应最大速度，此时有如图 3-2-13（b）所示情形。

$$(l + R)\sin 45° = R$$

所以

$$R = \frac{l}{\sqrt{2} - 1} = (\sqrt{2} + 1)l$$

由 $R = \dfrac{mv}{eB}$，求出 v 最大值为

$$v = \frac{eBR}{m} = (\sqrt{2} + 1)\frac{eBl}{m}$$

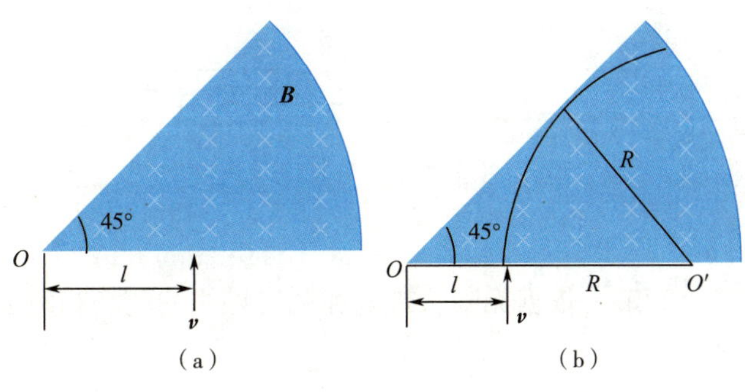

图 3-2-13

笔记

3-2-14 如图 3-2-14 所示，磁感应强度为 $\boldsymbol{B}$ 的均匀磁场只存在于 $x>0$ 的空间中，在 $x=0$ 的平面上有理想边界，且 $\boldsymbol{B}$ 垂直纸面向内。一电子质量为 m，电荷为 $-e$，它在纸面内与 $x=0$ 的界面成 $60°$ 角、以速度 $\boldsymbol{v}$ 进入磁场，求电子在磁场中的出射点与入射点间的距离。

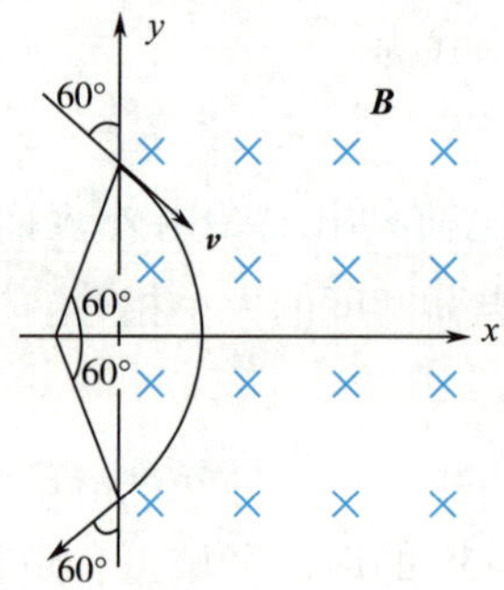

图 3-2-14

解 电子在磁场中作半径为 $R=\dfrac{mv}{eB}$ 的圆周运动。连接入射点和出射点的线段将是圆周的一条弦，如图 3-2-14 所示。所以入射点和出射点间的距离为

$$l=2R\sin 60°=\sqrt{3}R=\frac{\sqrt{3}mv}{eB}$$

3-2-15 如图 3-2-15 所示，一个带有正电荷 q 的粒子，以速度 $\boldsymbol{v}$ 平行于一均匀带电的长直导线运动，该导线的线电荷密度为 λ，并载有传导电流 I。试问粒子要以多大的速度运动，才能使其保持在一条与导线距离为 r 的平行直线上？

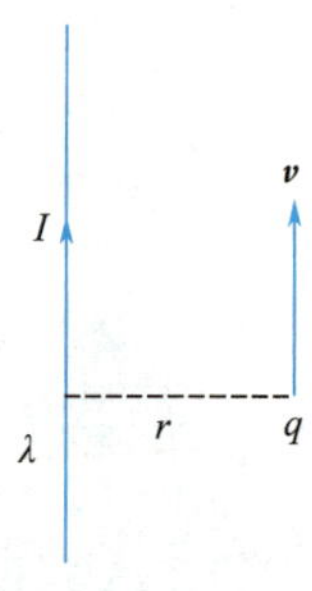

图 3-2-15

解 依据无限长带电和载流导线的电场和磁场可知

$$E(r)=\frac{\lambda}{2\pi\varepsilon_0 r}$$

笔记

方向沿径向向外。

$$B(r)=\frac{\mu_0 I}{2\pi r}$$

方向垂直纸面向里。

运动电荷受力 $\boldsymbol{F}$ 的大小为

$$F=\frac{q\lambda}{2\pi\varepsilon_0 r}-\frac{\mu_0 I q}{2\pi r}v$$

方向为沿径向向里（或向外）。

为使粒子继续沿着原方向平行导线运动，径向力应为零，即

$$\frac{q\lambda}{2\pi\varepsilon_0 r}-\frac{\mu_0 I q}{2\pi r}v=0$$

$$v=\frac{\lambda}{\varepsilon_0\mu_0 I}$$

【同步训练题】

（1）如图 3-2-16 所示，均匀磁场中放一均匀带正电荷的圆环，其线电荷密度为 λ，圆环可绕通过环心 O 与环面垂直的转轴旋转。当圆环以角速度 $\boldsymbol{\omega}$ 转动时，求圆环受到磁力矩的大小和方向。

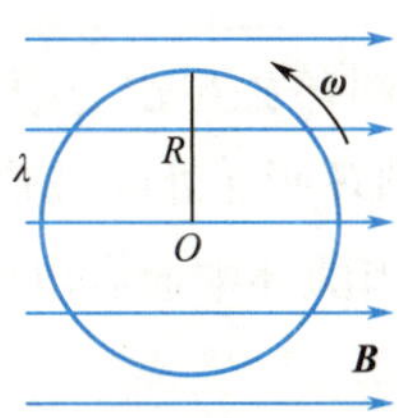

图 3-2-16

（2）如图 3-2-17 所示为一只磁控管的示意图。一群电子在垂直于均匀磁场 $\boldsymbol{B}$ 的平面内作圆周运动。在其运行过程中，与电极 1 和电极 2 最近的距离为 r，圆周运动的轨道直径为 D。电子群中包含 N 个电荷为 e、质量为 m 的电子。设电极 1 和电极 2 上电位由运动的电子决定，求两电极上电压变化幅度和变化频率。

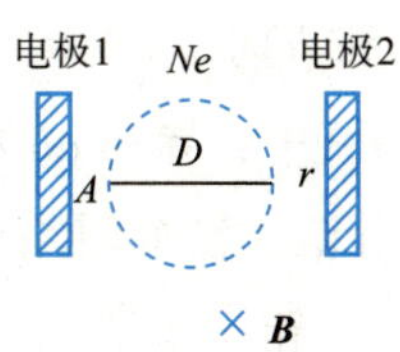

图 3-2-17

笔记

（3）已知半径之比为 2∶1 的两载流圆线圈各自在其中心处产生的磁感应强度相等，求当两线圈平行放在均匀外场中时，两圆线圈所受力矩大小之比。

（4）将 N 根很长的相互绝缘的细直导线平行紧密排成一圆筒形，其半径为 R，如图 3-2-18 所示，每根导线都通以方向相同、大小相等的电流，总电流为 I。求每根导线单位长度上所受力的大小和方向。

图 3-2-18

（5）假设把氢原子看成是一个电子绕核作匀速圆周运动的带电系统。已知平面轨道的半径为 r，电子的电荷为 e、质量为 m。将此系统置于磁感应强度为 $\boldsymbol{B}_0$ 的均匀外磁场中，设 $\boldsymbol{B}_0$ 的方向与轨道平面平行，求此系统所受的力矩 $\boldsymbol{M}$。

（6）将一半径为 4.0cm 的圆环放在磁场中，磁场的方向对环而言是对称发散的，如图 3-2-19 所示。圆环所在处的磁感应强度的大小为 0.10T，磁场的方向与环面法向成 60°。求当圆环中通有电流 $I=15.8$A 时圆环所受磁力的大小和方向。

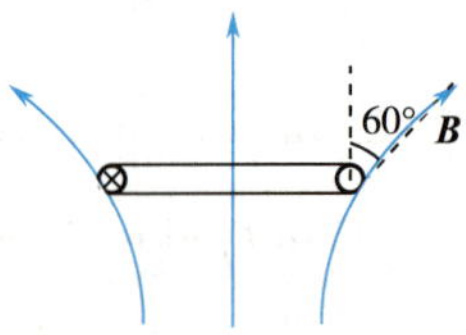

图 3-2-19

（7）两条细导线长度都是 L，平行齐头放置，相距为 a，通有同向等值电流 I。求它们之间作用力的大小和方向。

（8）在如图 3-2-20 所示回路中，导线 ab 可以在相距为 0.10m 的两平行光滑导线 LL' 和 MM' 上水平地滑动。整个回路放在磁感应强度为 0.50T 的均匀磁场中，磁场方向竖直向上，回路中电流为 4.0A。如要保持导线作匀速运动，求需加外力的大小和方向。

笔记

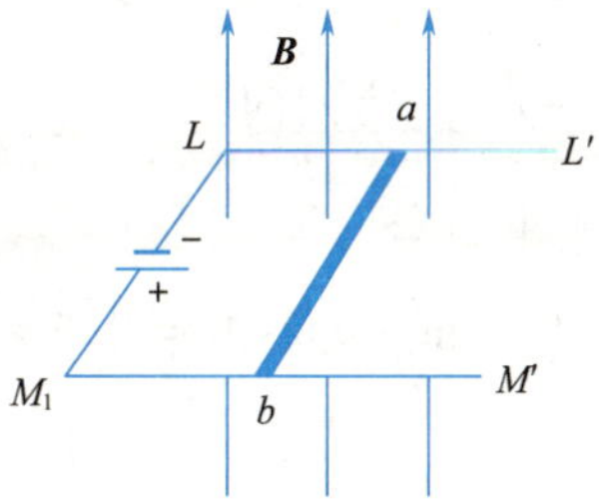

图 3-2-20

(9) 一矩形线圈边长分别为 $a=10\text{cm}$ 和 $b=5\text{cm}$，导线中电流为 $I=2\text{A}$，此线圈可绕它的一边 OO' 转动，如图 3-2-21 所示。当加上正 y 方向的 $B=0.5\text{T}$ 的均匀外磁场 $\boldsymbol{B}$，其与线圈平面成 30° 时，线圈的角加速度为 $\beta=2\ \text{rad/s}^2$，求：Q1：线圈对 OO' 轴的转动惯量；Q2：线圈平面由初始位置转到与 $\boldsymbol{B}$ 垂直时磁力所做的功。

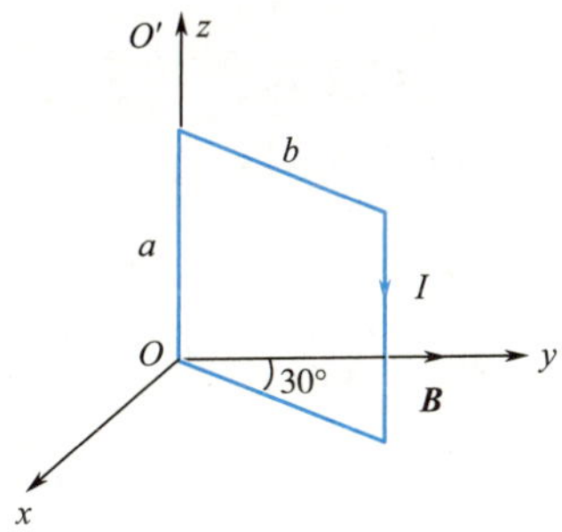

图 3-2-21

(10) 质子和电子以相同的速度垂直飞入磁感应强度为 $\boldsymbol{B}$ 的匀强磁场中，求质子轨道半径 R_1 与电子轨道半径 R_2 的比。

【同步训练题答案】

(1) $M=\pi R^3\lambda B\omega$，方向在图面中向上

(2) $U=U_2-U_1=\dfrac{Ne}{4\pi\varepsilon_0}\left(\dfrac{1}{r}-\dfrac{1}{D+r}\right)$，$\nu=\dfrac{\omega}{2\pi}=\dfrac{eB}{2\pi m}$

(3) 8

(4) $F=\dfrac{\mu_0 I^2}{4\pi RN}$，方向沿半径向里

(5) $\boldsymbol{M}=\dfrac{e^2B_0}{4}\sqrt{\dfrac{r}{\pi\varepsilon_0 m}}\boldsymbol{k}$

笔记

(6) $F = F_1 = 0.34\text{N}$，方向垂直环面向上

(7) $F = \dfrac{\mu_0 I^2}{2\pi a}(\sqrt{a^2 + l^2} - a)$，方向向左

(8) $F = 0.20\text{N}$，方向水平向左

(9) Q1：$J = 2.16 \times 10^{-3}\text{kg} \cdot \text{m}^2$；Q2：$W = 2.5 \times 10^{-3}\text{J}$

(10) 1836 : 1

第3章

电磁感应

笔记

【知识要点】

3.1 电磁感应定律

电磁感应现象：当穿过一个闭合导体回路所围面积的磁通量发生变化时，不管这种变化是由什么原因引起的，回路中就有电流。这种现象叫作电磁感应现象，回路中出现的电流叫作感应电流。

楞次定律：当穿过一个闭合的导体回路所围面积的磁通量发生变化时，在回路中就会有感应电流。此感应电流的方向总是使它自己的磁场穿过回路面积的磁通量去补偿引起感应电流的磁通量的改变。

法拉第电磁感应定律：当穿过一个闭合导体回路所围面积的磁通量发生变化时，不论这种变化是由什么原因引起的，回路中都会建立起感应电动势，且此感应电动势正比于磁通量对时间变化率的负值，即

$$\varepsilon_{\mathrm{i}} = -\frac{\mathrm{d}\Phi_{\mathrm{m}}}{\mathrm{d}t}$$

3.2 电动势

3.2.1 动生电动势

动生电动势：由回路所围面积的变化或面积取向变化引起的感应电动势，即

$$\varepsilon_{ab} = \int_a^b (\boldsymbol{v} \times \boldsymbol{B}) \cdot \mathrm{d}\boldsymbol{l}$$

3.2.2 感生电动势

感生电动势：由回路所围面积中通过的磁感应强度 $\boldsymbol{B}$ 随时间发生变化引起的感应电动势，即

$$\varepsilon = \int_a^b \boldsymbol{E}_{\mathrm{k}} \cdot \mathrm{d}\boldsymbol{l}$$

涡旋电场：由变化磁场产生的电场，即

$$\oint_l \boldsymbol{E}_{\mathrm{k}} \cdot \mathrm{d}\boldsymbol{l} = -\iint_S \frac{\partial \boldsymbol{B}}{\partial t} \cdot \mathrm{d}\boldsymbol{S}$$

笔记

3.3 自感和互感

3.3.1 自感

自感现象：当回路中电流变化时，通过磁通量也发生变化，从而在回路中产生电磁感应现象。

自感系数：
$$L=\frac{\Psi}{I}$$

自感电动势： $\varepsilon_{\mathrm{L}}=-L\frac{\mathrm{d}I}{\mathrm{d}t}$（$L$ 不随时间发生变化时）

3.3.2 互感

互感现象：在两个相邻回路中，由于其中一个回路有电流变化，在另一回路引起的磁通量发生变化而产生的电磁感应现象。

互感系数：
$$M_{21}=M_{12}=\frac{\Psi_{21}}{I_1}=\frac{\Psi_{12}}{I_2}$$

互感电动势：$\varepsilon_{21}=-M\frac{\mathrm{d}I_1}{\mathrm{d}t}$　　$\varepsilon_{12}=-M\frac{\mathrm{d}I_2}{\mathrm{d}t}$（$m$ 不随时间发生变化时）

【典型例题】

3-3-1 如图 3-3-1 所示，两个半径分别为 R 和 r 的同轴圆形线圈相距 x，且 $R\gg r$，$x\gg R$。若大线圈通有电流 I 而小线圈沿 x 轴方向以速度 $\boldsymbol{v}$ 运动，试求 $x=NR$ 时（N 为正数）小线圈回路中产生的感应电动势的大小。

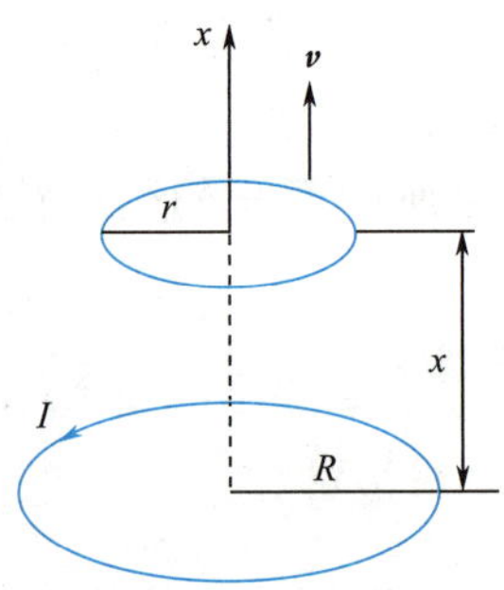

图 3-3-1

解 由题意可知，大线圈中的电流 I 在小线圈回路处产生的磁场可视为均匀的。

$$B=\frac{\mu_0}{4\pi}\frac{2\pi IR^2}{(R^2+x^2)^{3/2}}=\frac{\mu_0 IR^2}{2(R^2+x^2)^{3/2}}$$

笔记

故穿过小回路的磁通量为

$$\Phi = \boldsymbol{B} \cdot \boldsymbol{S} = \frac{\mu_0}{2} \frac{IR^2}{(R^2 + x^2)^{3/2}} \pi r^2 \approx \frac{\mu_0 \pi r^2 IR^2}{2x^3}$$

由于小线圈的运动，小线圈中的感应电动势大小为

$$\varepsilon_i = \left|\frac{d\Phi}{dt}\right| = \frac{3\mu_0 \pi r^2 IR^2}{2x^4}\left|\frac{dx}{dt}\right| = \frac{3\mu_0 \pi r^2 R^2 I}{2x^4} v$$

当 $x = NR$ 时，小线圈回路中的感应电动势大小为

$$\varepsilon_i = \frac{3\mu_0 \pi r^2 Iv}{2N^4 R^2}$$

3-3-2 如图 3-3-2（a）所示，在均匀磁场中有一金属框架 $OabO$，ab 边可无摩擦自由滑动，已知 $\angle aOb = \theta$，$ab \perp Ox$，磁场随时间变化规律为 $B = Kx\cos\omega t$（ω 为常数）。若 $t=0$ 时，ab 边由 $x=0$ 处开始以速度 $\boldsymbol{v}$ 作平行于 x 轴的匀速滑动。求任意时刻 t 时金属框中感应电动势的大小和方向。

解 如图 3-3-2（b）所示，取回路绕行的正向为 $O \to N \to M \to O$。

对于非均匀时变磁场 $B = Kx\cos\omega t$，有

$$d\Phi = BdS = B\eta d\xi = B\tan\theta\xi d\xi = K\xi^2 \tan\theta\cos\omega t d\xi$$

$$\Phi = \int d\Phi = \int_0^x K\xi^2 \tan\theta\cos\omega t d\xi = \frac{1}{3}K\tan\theta\cos\omega t \cdot x^3$$

$$\varepsilon_i = -\frac{d\Phi}{dt} = \frac{1}{3}K\tan\theta \cdot \omega\sin\omega t \cdot x^3 - K\tan\theta\cos\omega t \cdot vx^2 = Kv^3\tan\theta\left(\frac{1}{3}\omega t^3\sin\omega t - t^2\cos\omega t\right)$$

$\varepsilon_i > 0$，则 ε_i 方向与所设绕行正向一致；$\varepsilon_i < 0$，则 ε_i 方向与所设绕行正向相反。

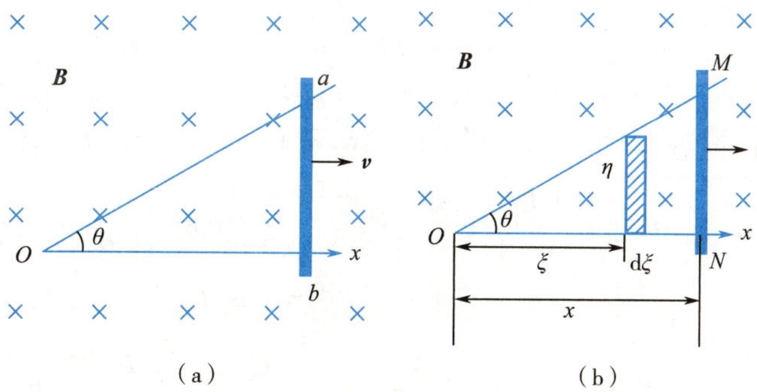

图 3-3-2

笔记

3-3-3 一导线弯成如图 3-3-3 所示形状，放在均匀磁场 $\boldsymbol{B}$ 中，$\boldsymbol{B}$ 的方向垂直图面向里。$\angle bcd = 60°$，$bc = cd = a$。使导线绕轴 OO' 旋转，如图 3-3-3 所示，转速为每分钟 n 转，计算 $\varepsilon_{OO'}$。

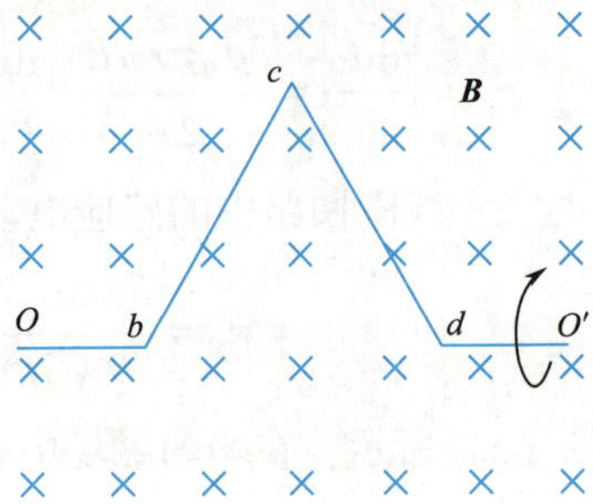

图 3-3-3

解

$$S = \frac{1}{2}a^2\frac{\sqrt{3}}{2} = \frac{\sqrt{3}a^2}{4}$$

$$\Phi = BS\cos\omega t, \quad \omega = \frac{2\pi n}{60}$$

$$\varepsilon_{OO'} = -\frac{\mathrm{d}\Phi}{\mathrm{d}t} = BS\omega\sin\omega t = \frac{2\pi BSn}{60}\sin\left(\frac{2\pi nt}{60}\right)$$

$$= \frac{\sqrt{3}\pi na^2B}{120}\sin\left(\frac{2\pi nt}{60}\right)$$

3-3-4 如图 3-3-4（a）所示，一个直角三角形的导线框 abc 与一载有电流 I 的长直导线共面，线框的两直角边分别为 l_1 和 l_2。开始时，线框 ab 边与直导线平行，距离为 d，现使导线框以速度 $\boldsymbol{v}$ 垂直长导线向右运动，求线框中的电动势与时间的函数关系。

解 建立坐标如图 3-3-4（b）所示，由动生电动势公式即 $\varepsilon = \oint_{abca}(\boldsymbol{v}\times\boldsymbol{B})\cdot\mathrm{d}\boldsymbol{l}$

解得

$$\varepsilon_{ab} = \int_a^b v\frac{\mu_0 I}{2\pi(d+vt)}\mathrm{d}l = \frac{\mu_0 Ivl_1}{2\pi(d+vt)}$$

$$\varepsilon_{bc} = -\int_a^b v\frac{\mu_0 I}{2\pi x}\cos\theta\mathrm{d}l = -\int_{d+vt}^{d+vt+l_2} v\frac{\mu_0 I}{2\pi x}\cos\theta\frac{\mathrm{d}x}{\sin\theta} = -\frac{\mu_0 Ivl_1}{2\pi l_2}\ln\frac{d+vt+l_2}{d+vt}$$

$$\varepsilon_{ca} = 0$$

$$\varepsilon = \varepsilon_{ab} + \varepsilon_{bc} + \varepsilon_{ca} = \frac{\mu_0 Ivl_1}{2\pi(d+vt)} - \frac{\mu_0 Ivl_1}{2\pi l_2}\ln\frac{d+vt+l_2}{d+vt}$$

笔记

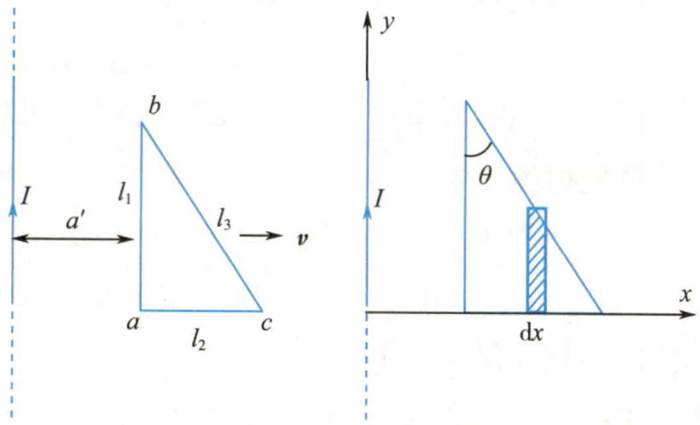

（a）　（b）

图 3-3-4

3-3-5　电荷 Q 均匀分布在半径为 a 、长为 L（$L \gg a$）的绝缘薄壁长圆筒表面，圆筒以角速度 $\boldsymbol{\omega}$ 绕中心轴线旋转。一半径为 $2a$ 、电阻为 R 的单匝圆形线圈套在圆筒上（图 3-3-5）。若圆筒转速按照 $\omega = \omega_0\left(1 - \dfrac{t}{t_0}\right)$ 的规律（ω_0 和 t_0 是已知常数）随时间线性地减小，求圆形线圈中感应电流的大小和流向。

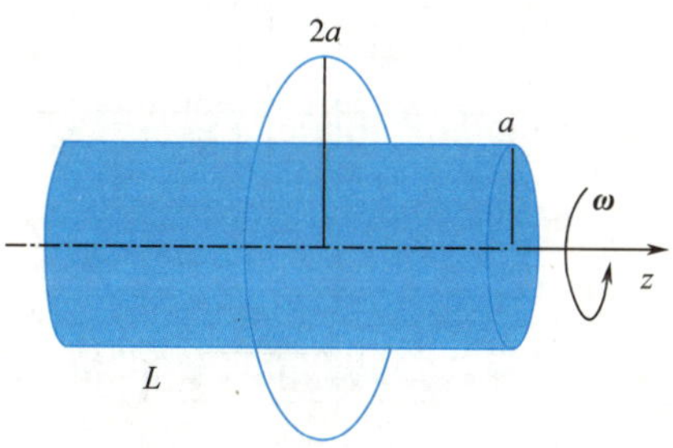

图 3-3-5

解　筒以 $\boldsymbol{\omega}$ 旋转时，相当于表面单位长度上有环形电流 $\dfrac{Q}{L} \cdot \dfrac{\omega}{2\pi}$，它和通电流螺线管的 nI 等效。按长螺线管产生磁场的公式，筒内均匀磁场磁感应强度为

$$B = \frac{\mu_0 Q\omega}{2\pi L}$$

方向沿筒的轴向右。

筒外磁场为零，穿过线圈的磁通量为

$$\Phi = \pi a^2 B = \frac{\mu_0 Q\omega a^2}{2L}$$

笔记

在单匝线圈中产生感生电动势为

$$\varepsilon=-\frac{\mathrm{d}\Phi}{\mathrm{d}t}=-\frac{\mu_0 Qa^2}{2L}\frac{\mathrm{d}\omega}{\mathrm{d}t}=\frac{\mu_0 Qa^2\omega_0}{2Lt_0}$$

感应电流 i 为

$$i=\frac{\varepsilon}{R}=\frac{\mu_0 Qa^2\omega_0}{2RLt_0}$$

其流向与圆筒转向一致。

3-3-6 两根平行放置相距为 $2a$ 的无限长载流直导线，其中一根通以稳恒电流 I_0，另一根通以交变电流 $i=I_0\cos\omega t$。两导线间有一与其共面的矩形线圈，线圈的边长分别为 l 和 $2b$，l 边与长直导线平行，且线圈以速度 $\boldsymbol{v}$ 垂直直导线向右运动（图 3-3-6）。当线圈运动到两导线的中心位置（即线圈中心线与距两导线均为 a 的中心线重合）时，两导线中的电流方向恰好相反，且电流强度大小满足 $i=I_0$，求此时线圈中的感应电动势。

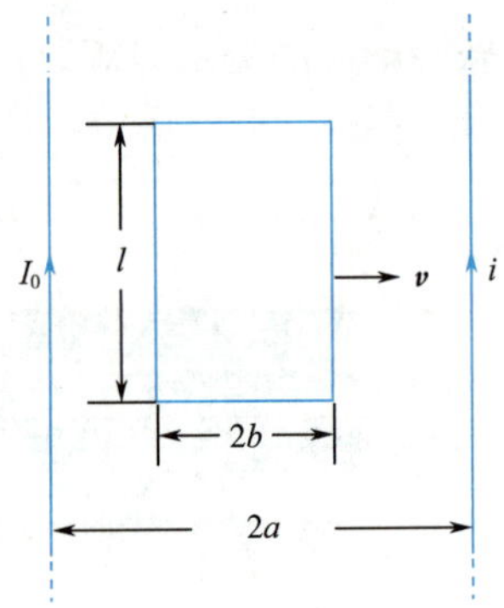

图 3-3-6

解 设矩形线圈中感应电动势的正方向为顺时针方向，磁场正方向向里。动生电动势和感生电动势分别用 ε_1 和 ε_2 表示，则 t 时刻回路总电动势

$$\varepsilon=\varepsilon_1+\varepsilon_2$$

其中 $\varepsilon_1=vB_1 l-vB_2 l$

$$B_1=\frac{\mu_0 I_0}{2\pi(a-b)}-\frac{\mu_0 i}{2\pi(a+b)}$$

$$B_2=\frac{\mu_0 I_0}{2\pi(a+b)}-\frac{\mu_0 i}{2\pi(a-b)}$$

当 $i=-I_0$ 时，有 $B_2=\dfrac{\mu_0 I_0}{2\pi(a+b)}+\dfrac{\mu_0 I_0}{2\pi(a-b)}=B_1$

笔记

所以 $\varepsilon_1 = 0$

$$\varepsilon = \varepsilon_2 = -\iint \frac{\partial \boldsymbol{B}}{\partial t} \cdot \mathrm{d}\boldsymbol{S}$$

因为 $B = \dfrac{\mu_0 I_0}{2\pi(2a - r)} - \dfrac{\mu_0 i}{2\pi r}$

所以

$$\varepsilon = \frac{\mu_0 l}{2\pi}\int_{a-b}^{a+b} \frac{\mathrm{d}i}{\mathrm{d}t}\frac{1}{r}\mathrm{d}r = \frac{\mu_0 l}{2\pi}\left(\ln\frac{a+b}{a-b}\right)\frac{\mathrm{d}i}{\mathrm{d}t}$$

因为此刻 $i = -I_0$，故

$$t = \frac{(2k+1)\pi}{\omega},\quad k = 1,\ 2,\ 3,\ \cdots$$

所以
$$\varepsilon\big|_{i=-I_0} = -\frac{\mu_0 l}{2\pi}\left(\ln\frac{a+b}{a-b}\right)(-I_0\omega)\sin\omega t = 0$$

3-3-7　如图3-3-7所示，有一很长的长方形的 U 形导轨，与水平面成 θ 角，裸导线 ab 可在导轨上无摩擦地下滑，导轨位于磁感强度 $\boldsymbol{B}$ 竖直向上的均匀磁场中。设导线 ab 的质量为 m，电阻为 R，长度为 l，导轨的电阻略去不计，$abcd$ 形成电路，$t=0$ 时，$v=0$，求导线 ab 下滑的速率 v 与时间 t 的函数关系。

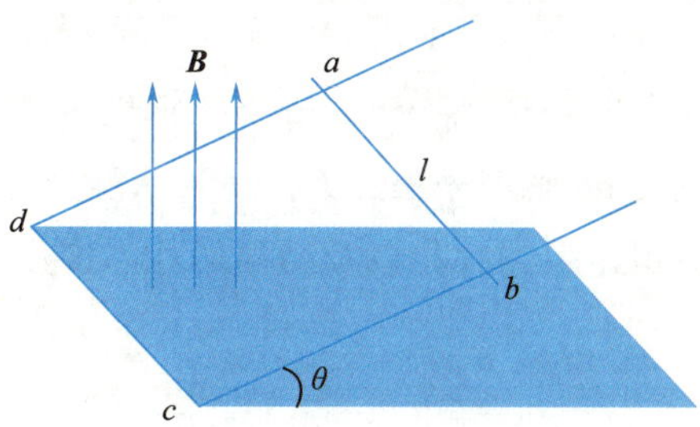

图 3-3-7

解　ab 导线在磁场中运动产生的感应电动势

$$\varepsilon_{\mathrm{i}} = Blv\cos\theta$$

$abcd$ 回路中流过的电流为

$$I_{\mathrm{i}} = \frac{\varepsilon_{\mathrm{i}}}{R} = \frac{Blv}{R}\cos\theta$$

ab 载流导线在磁场中受到的安培力沿导轨方向上的分力为

$$F = I_{\mathrm{i}}Bl\cos\theta = \frac{Blv\cos\theta}{R}Bl\cos\theta$$

由牛顿第二定律

笔记

$$mg\sin\theta - \frac{Blv\cos\theta}{R}Bl\cos\theta = m\frac{dv}{dt}$$

$$dt = \frac{dv}{g\sin\theta - \frac{B^2l^2v\cos^2\theta}{mR}}$$

令 $A = g\sin\theta$，$C = \frac{B^2l^2\cos^2\theta}{mR}$，则

$$dt = \frac{dv}{A - Cv}$$

当 $t = 0$ 时, $v = 0$ 有

$$\int_0^t dt = \int_0^v \frac{dv}{A - Cv} = -\frac{1}{C}\int_0^v \frac{d(A - Cv)}{A - Cv}$$

$$t = -\frac{1}{C}\ln\frac{A - Cv}{A}$$

$$v = \frac{A}{C}(1 - e^{-Ct}) = \frac{mgR\sin\theta}{B^2l^2\cos^2\theta}(1 - e^{-\frac{B^2l^2\cos^2\theta}{mR}t})$$

3-3-8 如图 3-3-8 所示，在电阻为零、相距为 l 的两条平行金属导轨上，平行放置两条质量均为 m、电阻均为 $\frac{R}{2}$ 的匀质金属棒 ab、cd，它们与导线相垂直且能沿导轨做无摩擦滑动。整个装置水平置于方向垂直向下的匀强磁场中，磁感应强度为 $\boldsymbol{B}$。若不考虑感应电流的影响，现对 ab 施加一恒力 $\boldsymbol{F}$，使其从静止开始运动起来。求导轨上感应电流恒定后的大小以及两棒的相对速度。

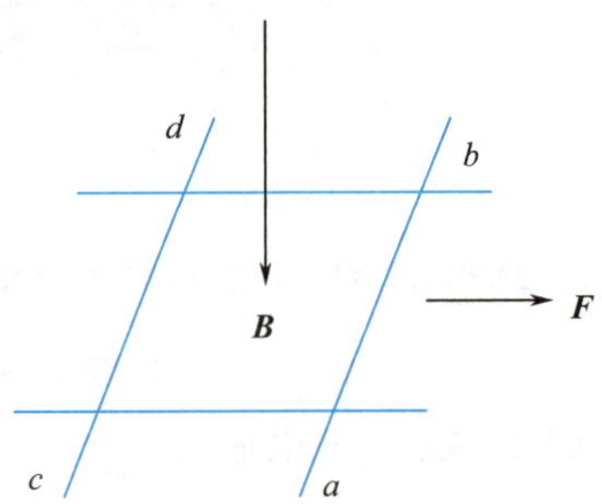

图 3-3-8

解 设 t 时刻金属棒 ab 的速度为 $\boldsymbol{v}_1$， 金属棒 cd 的速度为 $\boldsymbol{v}_2$。由欧姆定律得

$$v_1Bl - v_2Bl = IR$$

笔记

据题意，感应电流恒定，满足 $\frac{\mathrm{d}I}{\mathrm{d}t}=0$，则

$$\frac{\mathrm{d}v_1}{\mathrm{d}t}=\frac{\mathrm{d}v_2}{\mathrm{d}t}$$

对金属棒 ab 和 cd 分别有

$$F-IBl=m\frac{\mathrm{d}v_1}{\mathrm{d}t}$$

$$IBl=m\frac{\mathrm{d}v_2}{\mathrm{d}t}$$

联立上两式，得

$$I=\frac{F}{2Bl}$$

则两棒的相对速度为

$$v_1-v_2=\frac{FR}{2B^2l^2}$$

3-3-9 如图 3-3-9（a）所示，无限长直导线载有电流 I，其旁放置一段长度为 l、与载流导线在同一平面内且成 60° 的导线。当该导线在平面上以垂直于载流导线的速度 $\boldsymbol{v}$ 平移到该导线的中点距载流导线为 a 时，计算其上的动生电动势，并说明其方向。

解 如图 3-3-9（b）所示，在 $\mathrm{d}\boldsymbol{l}$ 处，$B=\frac{\mu_0 I}{2\pi r}$，所以

$$\mathrm{d}\varepsilon=(\boldsymbol{v}\times\boldsymbol{B})\cdot\mathrm{d}\boldsymbol{l}=vB\mathrm{d}l\cos60°$$

由于 $\mathrm{d}l=\frac{\mathrm{d}r}{\cos30°}$，故 $\mathrm{d}\varepsilon=vB\tan30°\mathrm{d}r$，因此

$$\varepsilon=\int_{r_1}^{r_2}vB\tan30°\mathrm{d}r$$

其中 $r_2=a+\frac{\sqrt{3}l}{4}$，$r_1=a-\frac{\sqrt{3}l}{4}$，所以

$$\varepsilon=\frac{\mu_0 Iv}{2\sqrt{3}\pi}\ln\frac{a+\frac{\sqrt{3}l}{4}}{a-\frac{\sqrt{3}l}{4}}$$

方向从 1 到 2。

笔记

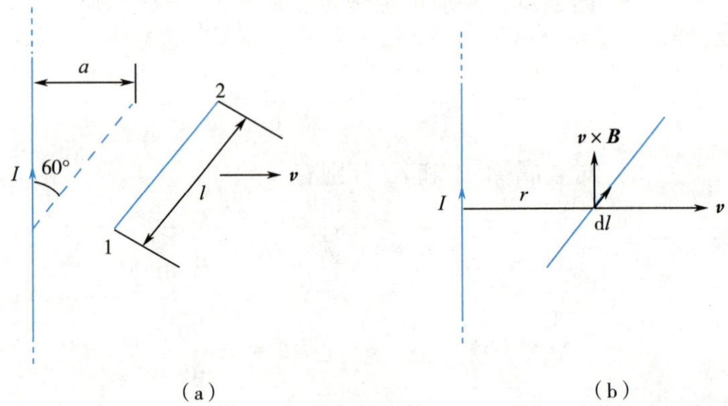

图 3-3-9

3-3-10 如图 3-3-10 所示，半径为 R 的无限长实心圆柱导体载有电流 I，电流沿轴向流动，并均匀分布在导体横截面上。一宽为 R，长为 l 的矩形回路（与导体轴线同平面）以速度 $\boldsymbol{v}$ 向导体外运动（设导体内有一很小的缝隙，但不影响电流及磁场的分布）。设初始时刻矩形回路一边与导体轴线重合，求：Q1：$t\left(t < \dfrac{R}{v}\right)$ 时刻回路中的感应电动势；Q2：回路中的感应电动势改变方向的时刻。

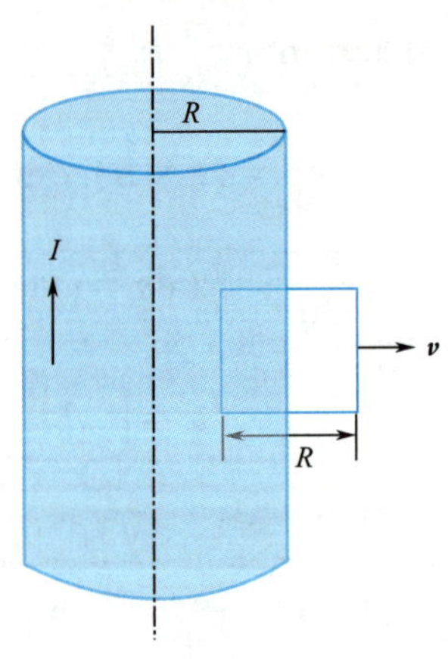

图 3-3-10

解 Q1：取逆时针方向为回路正向，则回路中的感应电动势为

$$\varepsilon = vB_1l - vB_2l$$

$$B_1 = \frac{\mu_0 I}{2\pi(R + vt)}$$

笔记

$$B_2 = \frac{\mu_0 Ivt}{2\pi R^2}$$

$$\varepsilon = v\frac{\mu_0 Il}{2\pi}\left(\frac{1}{R+vt} - \frac{vt}{R^2}\right)$$

Q2：当 $\varepsilon = 0$ 时，ε 将改变方向，则

$$\frac{1}{R+vt} - \frac{vt}{R^2} = 0$$

$$(vt)^2 + Rvt - R^2 = 0$$

所以

$$t = \frac{-vR + \sqrt{v^2R^2 + 4v^2R^2}}{2v^2} = \frac{(\sqrt{5}-1)R}{2v}$$

3-3-11　如图 3-3-11（a）所示，在半径为 R 的圆柱体内存在匀强磁场 $\boldsymbol{B}$，有一长为 l 的金属杆放在磁场里，设 $\boldsymbol{B}$ 以速率 $\frac{\mathrm{d}B}{\mathrm{d}t}$ 变化，试证明杆上感应电动势的大小为 $\frac{\mathrm{d}B}{\mathrm{d}t}\frac{l}{2}\sqrt{R^2-\left(\frac{l}{2}\right)^2}$。

证　选取顺时针回路 $OABO$，如图 3-3-11（b）所示。利用法拉第电磁感应定律，有

$$\varepsilon = -\frac{\mathrm{d}\Phi_{\mathrm{m}}}{\mathrm{d}t} = -\frac{1}{2}l\sqrt{R^2-\left(\frac{l}{2}\right)^2}\frac{\mathrm{d}B}{\mathrm{d}t}$$

$$\varepsilon = \varepsilon_{OA} + \varepsilon_{AB} + \varepsilon_{BO} = \varepsilon_{AB} = -\frac{1}{2}l\sqrt{R^2-\left(\frac{l}{2}\right)^2}\frac{\mathrm{d}B}{\mathrm{d}t}$$

负号说明电动势的方向是 $B \to A$。

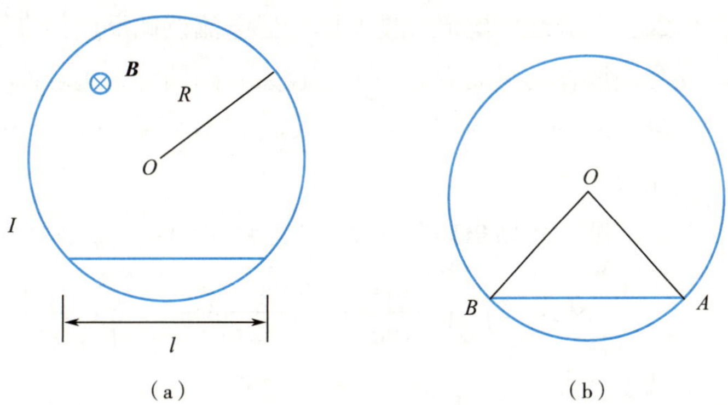

图 3-3-11

笔记

3-3-12 一无限长直导线通有电流 $I = I_0 e^{-3t}$，一矩形线圈与长直导线共面放置，其长边与导线平行，如图 3-3-12（a）所示。求：Q1：矩形线圈中感应电动势的大小及方向；Q2：导线与线圈的互感系数。

解 坐标选取如图 3-3-12（b）所示，则

$$\Phi_m = \int_a^b \frac{\mu_0 I}{2\pi x} l \mathrm{d}x = \frac{\mu_0 Il}{2\pi} \ln \frac{b}{a} = \frac{\mu_0 I_0 l e^{-3t}}{2\pi} \ln \frac{b}{a}$$

Q1：利用法拉第电磁感应定律，有

$$\varepsilon = -\frac{\mathrm{d}\Phi_m}{\mathrm{d}t} = \frac{3\mu_0 l I_0 e^{-3t}}{2\pi} \ln \frac{b}{a}$$

方向为顺时针。

Q2：由互感系数的定义，有

$$M = \frac{\Phi_m}{I} = \frac{\mu_0 l}{2\pi} \ln \frac{b}{a}$$

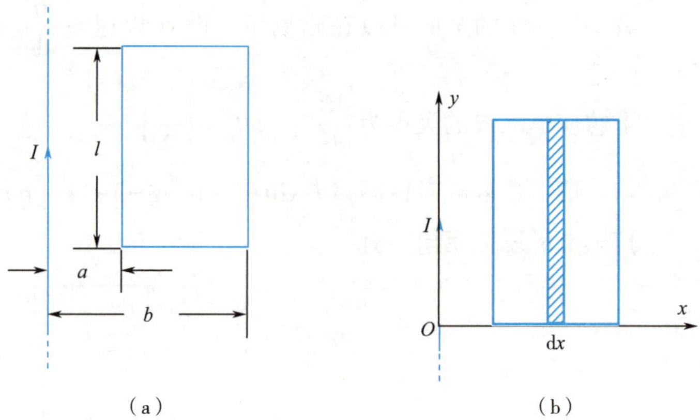

图 3-3-12

3-3-13 如图 3-3-13（a）所示，两根无限长载流导线互相平行，相距为 $2a$，两导线中电流强度相同，但电流彼此反向。在两平行无限长直导线所在的平面内有一个半径为 a 的圆环，圆环刚好在两平行长直导线之间并且彼此绝缘。求圆环与两平行长直导线之间的互感系数。

解 坐标系如图 3-3-13（b）所示。通过圆环的磁通量为

$$\Phi_m = 2\int_{-a}^{a} \left[\frac{\mu_0 I}{2\pi(a+x)} + \frac{\mu_0 I}{2\pi(a-x)}\right] y \mathrm{d}x = \int_{-a}^{a} \frac{2\mu_0 Ia}{\pi y} \mathrm{d}x$$

式中，有

$$x = a\cos\theta,\quad y = a\sin\theta,\quad \mathrm{d}x = -a\sin\theta \mathrm{d}\theta$$

$$\Phi_m = \int_{\pi}^{0} -\frac{2\mu_0 Ia}{\pi} \mathrm{d}\theta = 2\mu_0 Ia$$

笔记

由互感系数的定义有

$$M=\frac{\Phi_m}{I}$$

解得

$$M=2\mu_0 a$$

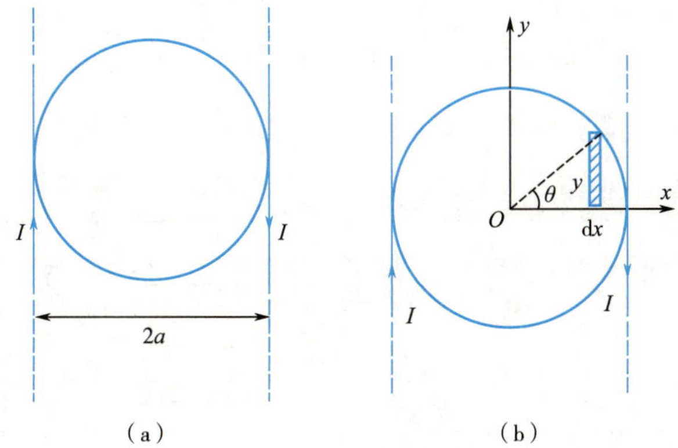

图 3-3-13

3-3-14 如图 3-3-14 所示，半径为 r 的小绝缘圆环，置于半径为 R 的大导线圆环中心，二者在同一平面内，且 $r\ll R$ 。在大导线环中通有正弦电流（取逆时针方向为正）$I=I_0\sin\omega t$，其中 ω 、I_0 为常数，t 为时间，求任一时刻小线环中感应电动势是多少（取逆时针方向为正）。

解　大导线圆环在中心处的磁感应强度为

$$B=\frac{\mu_0 I}{2R}$$

由于 $r\ll R$，小线环中的磁通量为

$$\Phi_m=B\pi r^2=\frac{\mu_0 I_0\pi r^2}{2R}\sin\omega t$$

利用法拉第电磁感应定律，得

$$\varepsilon=-\frac{\mathrm{d}\Phi_m}{\mathrm{d}t}=-\frac{\mu_0 I_0\pi r^2\omega}{2R}\cos\omega t$$

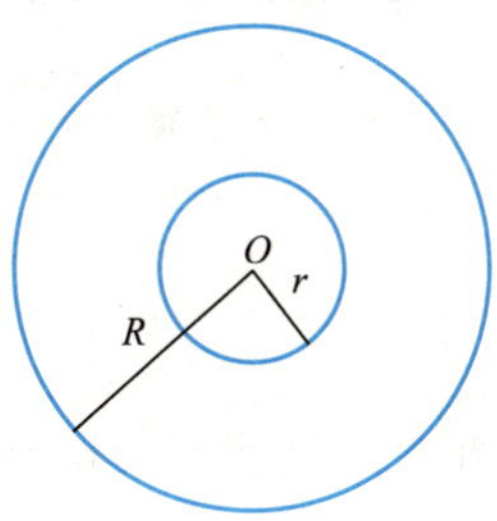

图 3-3-14

笔记

3-3-15 如图 3-3-15 所示，两个共轴圆线圈的半径分别为 R 和 r，匝数分别为 N_1 和 N_2，两者相距 L。设小线圈的半径很小，小线圈处的磁场可近似地视为均匀磁场，求两线圈的互感系数，并讨论 $L \ll R$ 时的情况。

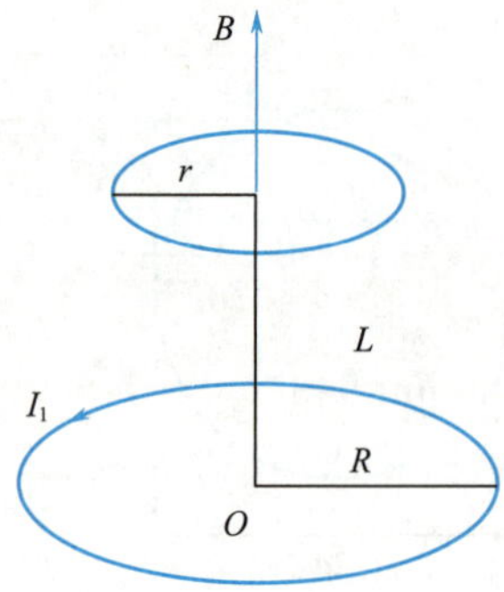

图 3-3-15

解 设大线圈中通以电流 I_1，N_1 匝线圈形成的环电流在轴线上产生的磁感应强度为

$$B = \frac{\mu_0 N_1 I_1 R^2}{2(L^2 + R^2)^{3/2}}$$

小线圈的面积为 $S = \pi r^2$，大线圈产生的磁场通过一匝小线圈的磁通量为

$$\Phi_{21} = BS = \frac{\pi\mu_0 N_1 I_1 R^2 r^2}{2(L^2 + R^2)^{3/2}}$$

在小线圈中产生的磁通链数为

$$\Psi_{21} = N_2 \Phi_{21} = \frac{\pi\mu_0 N_1 N_2 I_1 R^2 r^2}{2(L^2 + R^2)^{3/2}}$$

互感系数为

$$M = \frac{\Psi_{21}}{I_1} = \frac{\pi\mu_0 N_1 N_2 R^2 r^2}{2(L^2 + R^2)^{3/2}}$$

当两线圈相距很近时，$L \ll R$ 时，互感系数约为

$$M = \frac{\pi\mu_0 N_1 N_2 r^2}{2R}$$

【同步训练题】

（1）如图 3-3-16 所示，两条平行长直导线和一个矩形导线框共面，且导线框的一个边与长直导线平行，它到两长直导线的距离分别为 r_1、r_2。已知

两导线中电流都为 $I = I_0\sin\omega t$，其中 I_0 和 ω 为常数，t 为时间。导线框长为 a 宽为 b，求导线框中的感应电动势。

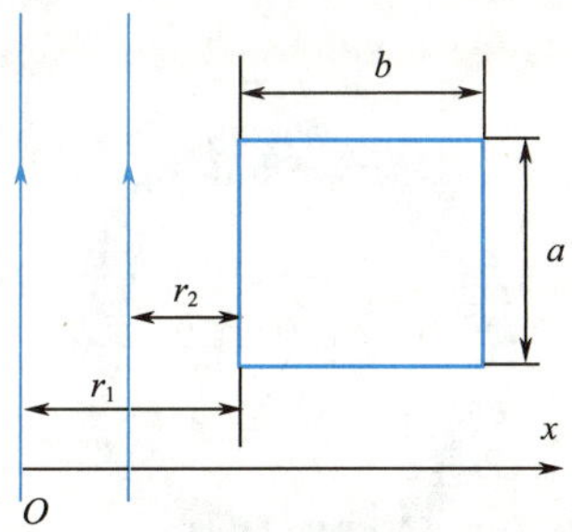

图 3-3-16

（2）均匀磁场 $\boldsymbol{B}$ 被限制在半径 $R=10\text{cm}$ 的无限长圆柱空间内，方向垂直纸面向里。取一固定的等腰梯形回路 $abcd$，梯形所在平面的法向与圆柱空间的轴平行，位置如图 3-3-17 所示。设磁感应强度以 1T/s 的匀速率增加，已知 $\theta = \dfrac{1}{3}\pi$，$\overline{Oa} = \overline{Ob} = 6\text{cm}$，求等腰梯形回路中感生电动势的大小和方向。

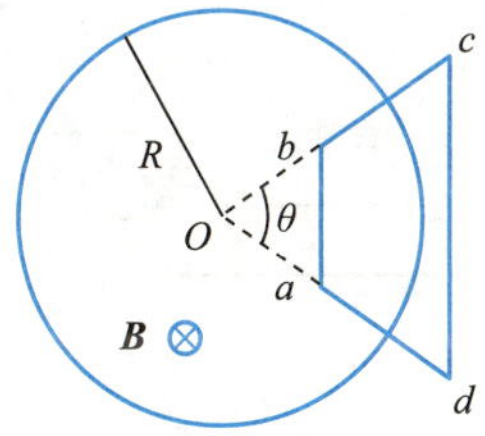

图 3-3-17

（3）如图 3-3-18 所示，一长圆柱状磁场，磁场方向平行于轴线并垂直图面向里，磁场大小既与轴线的距离 r 呈正比变化，又随时间 t 作正弦变化，即 $B = B_0 r\sin\omega t$，$\boldsymbol{B}_0$、ω 均为常数。若在磁场内放一半径为 a 的金属圆环，环心在圆柱状磁场的轴线上，求金属环中的感生电动势，并讨论其方向。

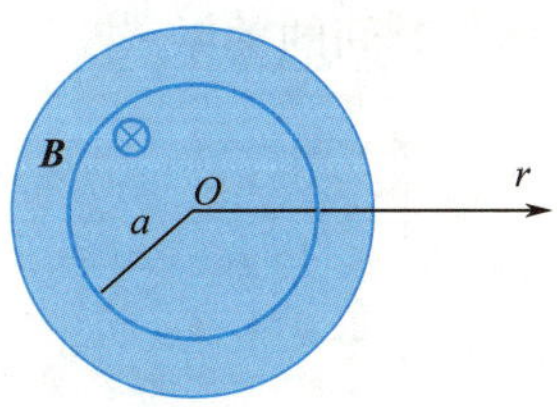

图 3-3-18

（4）如图 3-3-19 所示，一内外半径分别为 R_1、R_2 的均匀带电平面圆环，

笔记

笔记

电荷面密度为 σ，其中心有一半径为 r 的导体小环（$R_1 \gg r$），二者同心共面。设带电圆环以变角速度 $\boldsymbol{\omega} = \boldsymbol{\omega}(t)$ 绕垂直于环面的中心轴旋转，求导体小环中感应电流 i 的大小和方向（已知小环的电阻为 R'）。

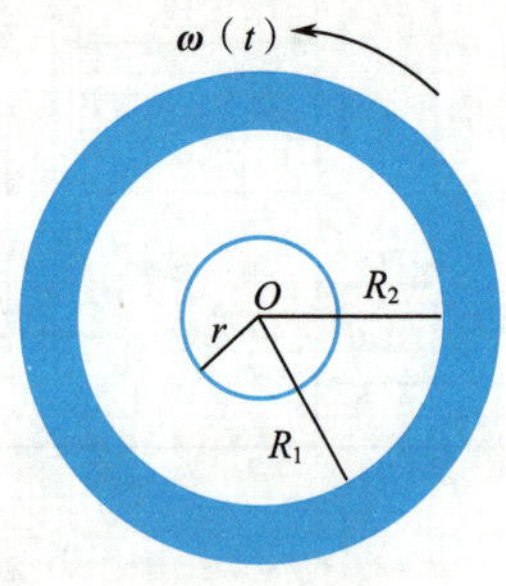

图 3-3-19

（5）一无限长竖直导线上通有稳定电流 I，电流方向向上。导线旁有与导线共面且长度为 L 的金属棒，绕其一端 O 在该平面内顺时针匀速转动，如图 3-3-20 所示。设金属棒的转动角速度为 $\boldsymbol{\omega}$，O 点到导线的垂直距离为 r_0（$r_0>L$）。试求金属棒转到与水平面成 θ 角时，棒内感应电动势的大小和方向。

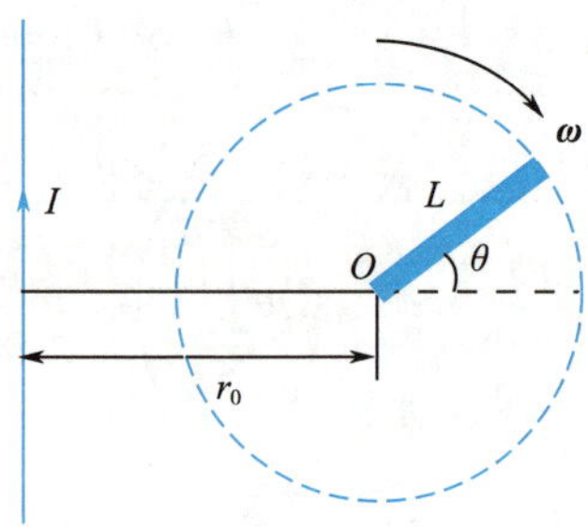

图 3-3-20

（6）如图 3-3-21 所示，一个矩形的金属线框边长分别为 a 和 b（b 足够长）。金属线框的质量为 m，自感系数为 L，忽略电阻。线框的长边与 x 轴平行，它以速度 $\boldsymbol{v}_0$ 沿 x 轴的方向从磁场外进入磁感应强度为 $\boldsymbol{B}_0$ 的均匀磁场中，$\boldsymbol{B}_0$ 的方向垂直矩形线框平面。求矩形线框在磁场中速度与时间的关系式 $v = v(t)$ 和沿 x 轴方向移动的距离与时间的关系式 $x = x(t)$。

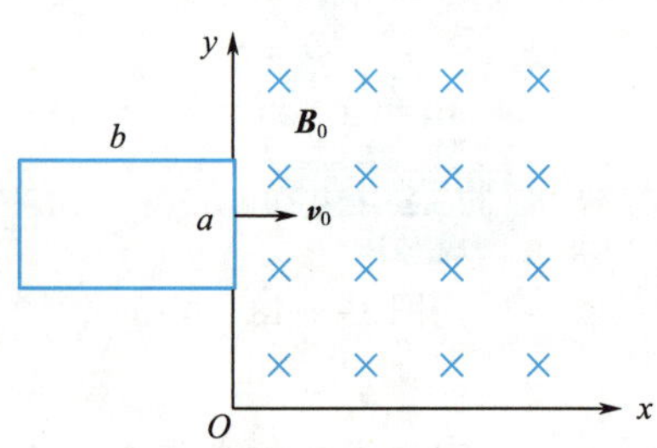

图 3-3-21

（7）图3-3-22所示为水平面内的两条平行长直裸导线 LM 与 $L'M'$，其间距为 l，其左端与电动势为 ε_0 的电源连接。匀强磁场 $\boldsymbol{B}$ 垂直于平面向里。一段直导线 ab 横嵌在平行导线间（并可保持在导线间无摩擦地滑动）接通电路。由于磁场力的作用，ab 将从静止开始向右运动。求：Q1：ab 能达到的最大速度 $\boldsymbol{v}$；Q2：ab 达到最大速度时通过电源的电流 I。

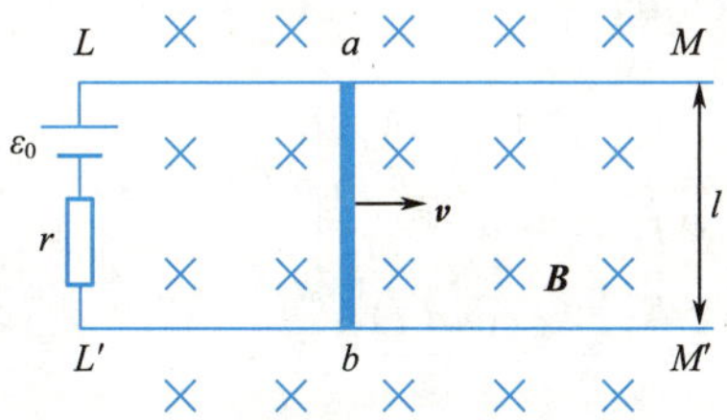

图 3-3-22

（8）在半径为 R 的圆柱形空间内存在磁感应强度为 $\boldsymbol{B}$ 的均匀磁场，$\boldsymbol{B}$ 的方向与圆柱的轴线平行。有一无限长直导线在垂直圆柱中心轴线的平面内，两线相距为 a，$a>R$，如图3-3-23所示。已知磁感应强度随时间的变化率为 $\frac{\mathrm{d}B}{\mathrm{d}t}$，求长直导线中的感应电动势 ε，并说明其方向。

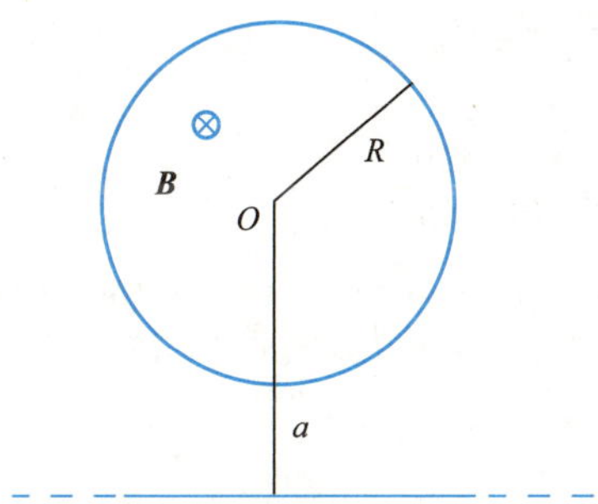

图 3-3-23

（9）如图3-3-24所示，长直导线中电流为 i，矩形线框 $abcd$ 与长直导线共面，且 $ad//AB$，dc 边固定，ab 边沿 da 及 cb 以速度 $\boldsymbol{v}$ 匀速平动（无摩擦力）。$t=0$ 时，ab 边与 cd 边重合。设线框自感忽略不计。求：Q1：$i=I_0$ 时 ab 中的感应电动势，a、b 两点哪点电势高；Q2：$i=I_0\cos\omega t$ 时，ab 边运动到图中位置时线框中的总感应电动势。

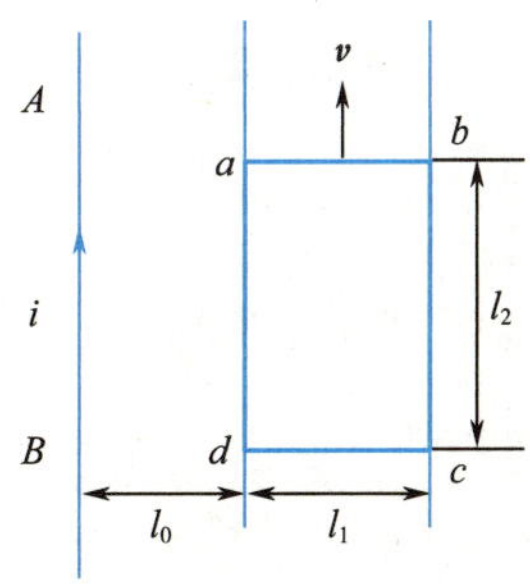

图 3-3-24

笔记

【同步训练题答案】

(1) $\varepsilon=-\dfrac{\mu_0 I_0 a\omega}{2\pi}\ln\left[\dfrac{(r_1+b)(r_2+b)}{r_1 r_2}\right]\cos\omega t$

(2) $\varepsilon=3.68\text{mV}$，方向沿 $adcb$ 绕向

(3) $\varepsilon=-\dfrac{2\pi}{3}B_0 a^3\omega\cos\omega t$

讨论：$\begin{cases}\cos\omega t>0, & \varepsilon \text{ 的方向是逆时针}\\ \cos\omega t<0, & \varepsilon \text{ 的方向是顺时针}\end{cases}$

(4) $i=-\dfrac{\mu_0\pi r^2(R_2-R_1)\sigma}{2R'}\cdot\dfrac{d\omega(t)}{dt}$

方向：当 $\dfrac{d\omega(t)}{dt}>0$ 时，i 与选定的正方向相反；当 $\dfrac{d\omega(t)}{dt}<0$ 时，i 与选定的正方向相同

(5) $\varepsilon=\dfrac{\omega\mu_0 I}{2\pi\cos\theta}\left[L-\dfrac{r_0}{\cos\theta}\ln\left(\dfrac{r_0+L\cos\theta}{r_0}\right)\right]$，方向由 O 指向另一端

(6) $v=v_0\cos\dfrac{aB_0}{\sqrt{mL}}t$，$x=v_0\dfrac{\sqrt{mL}}{aB_0}\sin\dfrac{aB_0}{\sqrt{mL}}t$

(7) Q1：$v=\dfrac{\varepsilon_0}{Bl}$；Q2：$i=0$

(8) $-\dfrac{1}{2}\pi R^2\dfrac{dB}{dt}$，方向：若 $\dfrac{dB}{dt}>0$，水平向左；若 $\dfrac{dB}{dt}<0$，水平向右

(9) Q1：$\dfrac{\mu_0 I_0 v}{2\pi}\ln\dfrac{l_0+l_1}{l_0}$，$U_a>U_b$；Q2：$\dfrac{\mu_0 I_0 v}{2\pi}\ln\dfrac{l_0+l_1}{l_0}(\omega t\sin\omega t-\cos\omega t)$

第4部分
光　学

提示：打开“九斗”APP，点击“[扫描图标]”，全屏扫描下图即可进行互动学习。

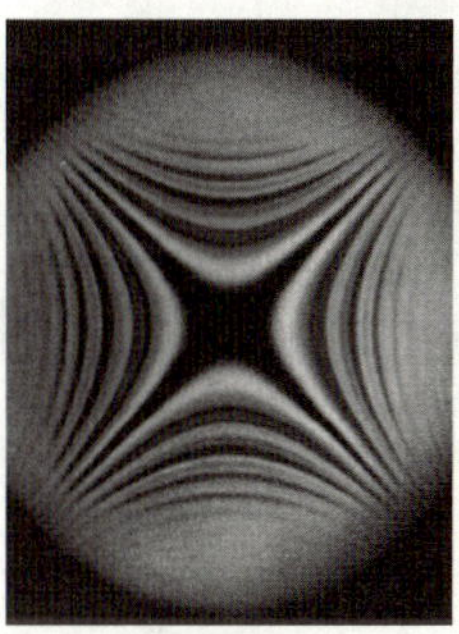
光的偏振

提示：打开“九斗”APP，点击“[扫描图标]”，全屏扫描下图即可进行互动学习。

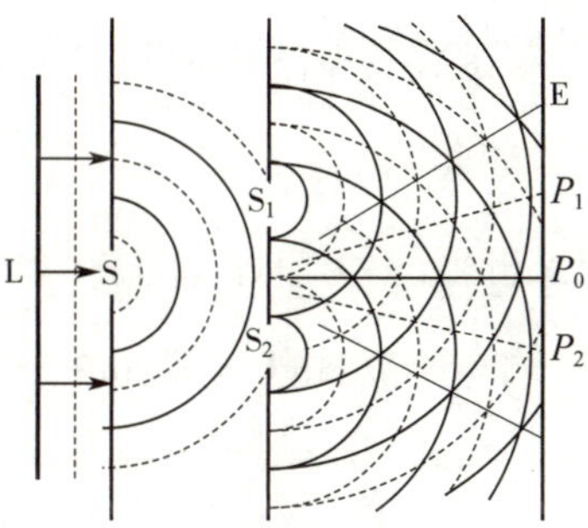

杨氏双缝干涉实验

提示：打开“九斗”APP，点击“[扫描图标]”，全屏扫描下图即可进行互动学习。

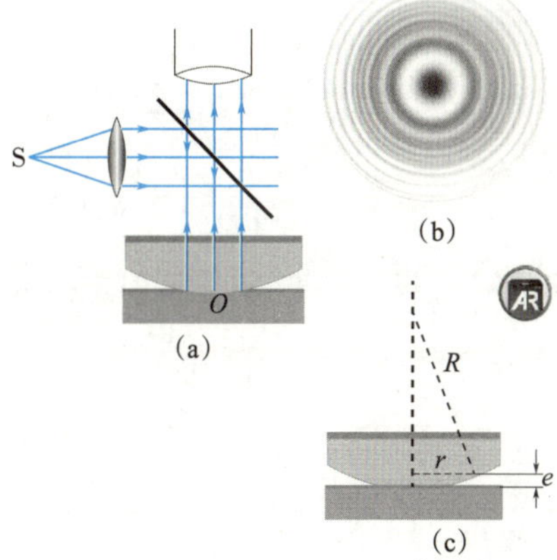

牛顿环

提示：打开“九斗”APP，点击“[扫描图标]”，全屏扫描右图即可进行互动学习。

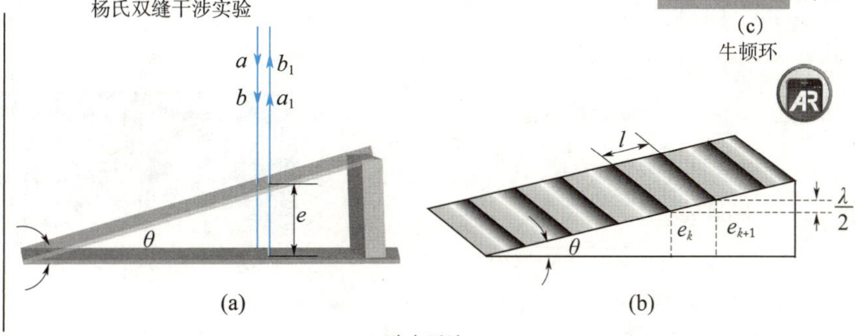

劈尖干涉

笔记

第1章 几何光学

【知识要点】

1.1 光的反射、折射和全反射

光线表示光的传播方向，它是描述光传播的一个抽象的概念。

1.1.1 光的反射

反射定律（图 4-1-1）：

$$\theta_i = \theta_r$$

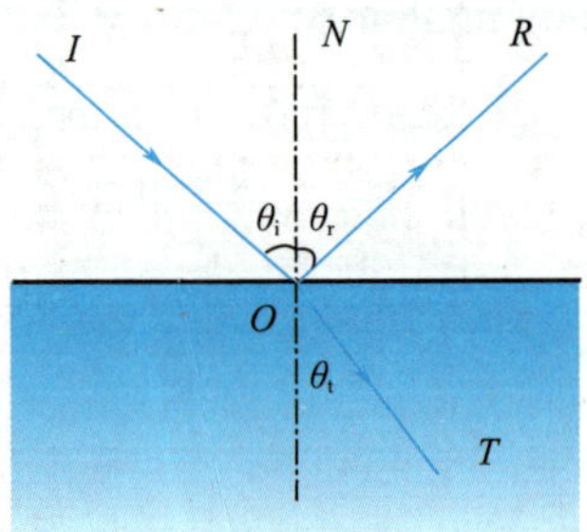

图 4-1-1

1.1.2 光的折射

折射定律（图 4-1-2）：

$$n_1 \sin\theta_1 = n_2 \sin\theta_2$$

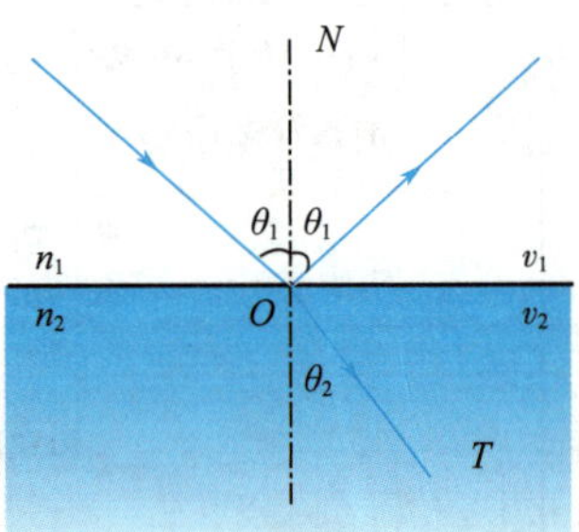

图 4-1-2

笔记

1.1.3　光的全反射

临界角（图 4-1-3）：

$$\theta_c = \arcsin \frac{n_2}{n_1}$$

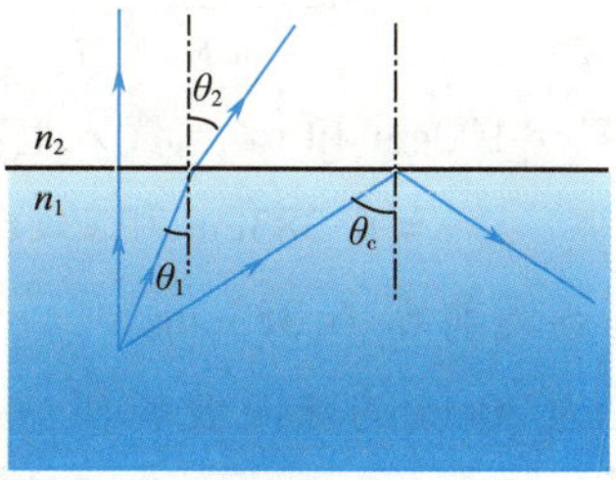

图 4-1-3

1.2　球面反射镜

球面镜焦距公式：
$$f = \frac{r}{2}$$

球面镜公式：
$$\frac{1}{s} + \frac{1}{s'} = \frac{1}{f}$$

1.3　薄透镜的成像

薄透镜焦距公式：
$$\frac{n_1}{f} = (n_1 - n_2)\left(\frac{1}{r_1} + \frac{1}{r_2}\right)$$

薄透镜公式：
$$\frac{1}{s} + \frac{1}{s'} = \frac{1}{f}$$

1.4　眼睛

人眼的结构由眼球壁、眼内腔和内容物、视神经和视路、眼附属器组成。

人眼的光学特性：一般我们用人眼焦距的倒数来标示近视镜，称为视度，单位为屈光度（D），$1\text{D} = 1\text{m}^{-1}$，通常医院和眼镜店用 1D 的百分之一作为眼镜的度数。

1.5　助视光学仪器

显微镜：放大率；数值孔径。

望远镜视角放大率：
$$M = -\frac{f_o}{f_e}$$

笔记

【典型例题】

4-1-1 在 6cm 焦距的凸透镜前放置一个小物体，如果需要成像于 1m 至无穷远，则物体应放在透镜前多远的距离？

解
$$\frac{1}{s}+\frac{1}{s'}=\frac{1}{f}$$

其中，$f=6\text{cm}$，$s'=100\text{cm}$ 和 ∞，代入上式得

$$s=6.383\text{cm} \text{ 和 } s=6\text{cm}$$

故物体应该放在透镜前 6~6.383cm。

4-1-2 将一个曲率半径为 20cm 的球面玻璃和一个平板玻璃黏合成空气透镜，放置于水中（图 4-1-4），求此透镜的水中焦距，并分析这是会聚透镜还是发散透镜。忽略不计玻璃的厚度，空气和水的折射率分别为 1 和 $\frac{4}{3}$。

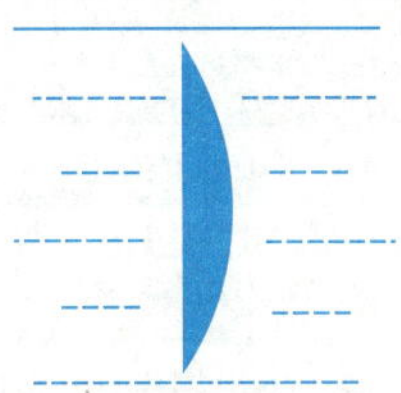

图 4-1-4

解
$$\frac{1}{f}=(n_L-n)\left(\frac{1}{r_1}+\frac{1}{r_2}\right)$$

其中，$r_1=\infty$，$r_2=20\text{cm}$，$n_L=1$，$n=\frac{4}{3}$，代入上式得

$$f=-60\text{cm}<0$$

故这是发散透镜。

4-1-3 屏幕放在距物体 120cm 处，二者之间放置一个凸透镜。前后移动凸透镜可以发现两个位置可以使物体成像在屏幕上，且二者之间距离为 30cm，求透镜的焦距及两次成像时的物距，并求两次成像的横向放大率及两个放大率的乘积。

解 两次成像均满足薄透镜公式，即

$$\frac{1}{s}+\frac{1}{s'}=\frac{1}{f}$$

且有

$$s+s'=120\text{cm}$$

笔记

这两个方程等价于一个一元二次方程，即

$$x^2 - 120x + 120f = 0$$

方程的两个解既是某一次成像的物距和像距，又是两次成像的物距或两次成像的像距，体现了物像关系的共轭性，则

$$|s' - s| = 30\text{cm}$$

所以两次成像的物像距分别为

$$s_1 = 90\text{cm},\quad s_1' = 30\text{cm} \quad 或 \quad s_2 = 30\text{cm},\quad s_2' = 90\text{cm}$$

故焦距为

$$f = \frac{ss'}{120} = 22.5\text{cm}$$

而横向放大率分别为

$$M_1 = \frac{s_1'}{s_1} = \frac{1}{3} \text{ 和 } M_2 = \frac{s_2'}{s_2} = 3$$

故它们之积总为 1。

4-1-4 物体位于一薄透镜左侧，其像位于薄透镜右侧 30.0cm 的屏幕上。先将透镜向右移动 6.00cm，再将屏幕左移 6.00cm，这时又能在屏幕上看到清晰的像。求薄透镜的焦距。

解 设第一次成像时物距为 s，根据题意有

$$\frac{1}{s} + \frac{1}{30} = \frac{1}{f}$$

$$\frac{1}{s+6} + \frac{1}{30-12} = \frac{1}{f}$$

解得

$$s = 13.70\text{cm} \quad 或 \quad s = -19.70\text{cm}（舍去）$$

代入得

$$f = 9.41\text{cm}$$

4-1-5 数码相机一般具有近拍挡，若不用近拍挡，某相机只能拍摄 1m 以外的物体，使用近拍挡后，可以拍摄 10cm 的物体，请问应该在原镜头前放置一个什么样的近拍镜来实现这一目的（假设近拍镜和原镜头密接）?

解 将原镜头密接一个正透镜，这个正透镜能将物方 10cm 处的物体成像在像方-1m 处，即可实现近拍。正透镜的焦距计算公式为

$$\frac{1}{s} + \frac{1}{s'} = \frac{1}{f}$$

笔记

则有

$$\frac{1}{10}+\frac{1}{-100}=\frac{1}{f}$$

$$f=11.1\text{cm}$$

4-1-6 伽利略望远镜由一块凸透镜和一块凹透镜组合而成，请画出该望远镜的光路图，并分析其成像及放大原理。

解 如图 4-1-5 所示，一无穷远点光源发出一束平行光（实线），照射到凸透镜上形成会聚光，指向副焦点下。由于 F 也是凹透镜的副焦点，故过凹透镜后形成平行光出射，即望远镜把无穷远的物点在无穷远处成一虚像，但这两个无穷远点对眼睛的视角是不同的，实物对眼睛的张角为实线与光轴的夹角，而虚像对眼睛的张角为虚线与光轴的夹角，即视觉放大率为

$$M=\frac{\tan\varphi_o}{\tan\varphi_e}=\frac{f_o}{f_e}$$

式中，φ_e 指用眼睛直接观察时的视角，φ_o 指用望远镜观察时眼睛的视角，f_o 指物镜（凸透镜）的焦距，而 f_e 指目镜（凹透镜）焦距。

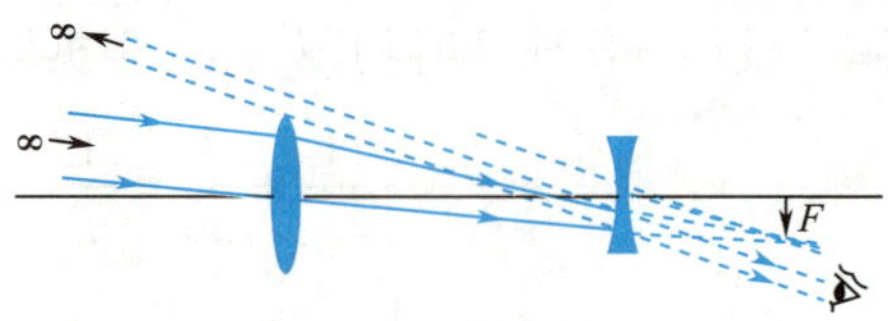

图 4-1-5　伽利略望远镜的成像过程

【同步训练题】

（1）一同学患有近视，仅能看清前方 25cm 的物体，若要矫正为正常视力，应佩戴凸透镜还是凹透镜？佩戴的近视镜为多少度？

（2）随着年龄的增长，40 岁以后，人眼的晶状体逐渐纤维硬化，睫状肌逐渐麻痹，人眼的近点距离从明视距离 25cm 逐渐增加。若一位 60 岁的老年人佩戴 300 度的老花镜才能在明视距离下阅读，则不戴花镜情况下，他需要在多远的距离下阅读？

【同步训练题答案】

（1）凹透镜；400 度

（2）1m

第2章

光的干涉

笔记

【知识要点】

2.1 光程

光程：折射率 n 和几何路程 L 的乘积 nL 叫作光程，用 Δ 表示，即

$$\Delta = nL$$

光程差：两相干光源到相遇点的光程的差值，称为光程差，即

$$\delta = \Delta_2 - \Delta_1$$

透镜不引起附加光程差。光程差和相位差的关系为

$$\Delta\varphi = 2\pi \frac{\delta}{\lambda}$$

2.2 光的干涉现象

相干光：若两束光的光矢量满足相干条件，则它们是相干光，相应的光源叫相干光源。

获得相干光的方法：分波阵面法和分振幅法。

2.3 两单色光波的干涉

2.3.1 杨氏双缝干涉实验

用分波阵面法产生两个相干光源。干涉条纹是等间距、明暗相间的直线条纹。

2.3.2 屏上明暗条纹的位置

明纹位置：$x_k = \pm k \dfrac{D\lambda}{nd}$，$k = 0，1，2，\cdots$

暗纹位置：$x_k = \pm \left(k - \dfrac{1}{2}\right) \dfrac{D\lambda}{nd}$，$k = 0，1，2，\cdots$

条纹间距：$\Delta x = \dfrac{D\lambda}{nd}$

笔记

2.4 分波阵面的双光束干涉

2.4.1 菲涅耳双面镜实验

菲涅耳双面镜由两块彼此夹角很小的反射镜组成，点光源发出的光经双面镜反射而被分割成两束相干光所形成的干涉。

2.4.2 菲涅耳双棱镜实验

菲涅耳双棱镜由两个相同的棱镜组成，点光源发出的光经双棱镜折射后分成两束光相互叠加而产生的干涉。

2.4.3 劳埃德镜实验

半波损失：当光从折射率小的光疏介质射入折射率大的光密介质时，反射光有半波损失。

2.5 分振幅的双光束干涉

2.5.1 薄膜干涉

在薄膜上表面，入射光由于反射和折射而“分振幅”，在上、下表面反射的光为相干光。

薄膜干涉基本公式：

$$\Delta = 2e\sqrt{n_2^2 - n_1^2\sin^2 i}$$

2.5.2 薄膜干涉中的半波损失

有半波损失的干涉条件：

$$\Delta = 2e\sqrt{n_2^2 - n_1^2\sin^2 i} + \frac{\lambda}{2} = \begin{cases} k\lambda, & k = 1,\ 2,\ \cdots \quad (\text{加强}) \\ (2k+1)\dfrac{\lambda}{2}, & k = 0,\ 1,\ 2,\ \cdots \quad (\text{减弱}) \end{cases}$$

2.5.3 等倾干涉条纹

若薄膜厚度 e 是绝对均匀的，凡入射角相同的光就形成同一级干涉条纹，通常把这种干涉条纹称为等倾干涉条纹。该条纹是明暗相间、不等间距的同心圆环。

2.5.4 等厚干涉

（1）牛顿环。

明环半径：$r = \sqrt{\left(k - \frac{1}{2}\right)R\lambda}$，$k = 1,\ 2,\ \cdots$

暗环半径：$r = \sqrt{kR\lambda}$，$k = 0,\ 1,\ 2,\ \cdots$

牛顿环干涉条纹：以接触点为圆心明暗相间、不等间距的圆环。

（2）劈尖干涉。

笔记

劈尖反射光干涉极大（明纹）的条件：

$$2ne + \frac{\lambda}{2} = k\lambda,\ k = 1,\ 2,\ 3,\ \cdots$$

劈尖反射光干涉极小（暗纹）的条件：

$$2ne + \frac{\lambda}{2} = (2k + 1)\frac{\lambda}{2},\ k = 0,\ 1,\ 2,\ 3,\ \cdots$$

两相邻明纹（或暗纹）处劈尖的厚度差

$$e_{k+1} - e_k = \frac{\lambda}{2n}$$

劈尖干涉条纹：平行于棱边明暗相间、等间距的直条纹。

2.6　平行平板多光束干涉

2.6.1　多光束干涉的强度分布

反射光强度：
$$I = \frac{4R\sin^2\varphi}{(1 - R)^2 + 4R\sin^2\frac{\varphi}{2}}I_0$$

透射光强度：
$$I = \frac{(1 - R)^2}{(1 - R)^2 + 4R\sin^2\frac{\varphi}{2}}I_0$$

2.6.2　干涉图样的特点

（1）平行平板的多光束干涉属于等倾干涉。当透镜的光轴垂直于平板时，条纹是一组同心圆环。

（2）反射率越高，干涉条纹越细锐。

2.7　干涉仪

2.7.1　迈克尔逊干涉仪

利用分振幅法使两个相互垂直的平面镜形成一等效的空气薄膜。

2.7.2　法布里–珀罗干涉仪

利用分振幅法使两个相互平行的高反射率平面镜形成一等效的空气薄膜。

【典型例题】

4–2–1　在杨氏双缝实验中，设两缝之间的距离为 0.2mm，在距双缝 1m 远的屏上观察干涉条纹，若入射光是波长为 400～760nm 的白光，问屏上离 0 级明纹 20mm 处，哪些波长的光最大限度地加强？

解　由杨氏双缝干涉公式有

笔记

$$x_k = k\frac{D}{d}\lambda$$

解得

$$k = \frac{x_k d}{\lambda D}$$

式中，$x_k = 20\text{mm}$，$d = 0.2\text{mm}$，$D = 1\text{m}$；$\lambda = 0.4 \sim 0.76\mu\text{m}$，故

$$k = 5.26 \sim 10$$

由于 k 只能取整数，故 $k = 6, 7, 8, 9, 10$。又由

$$\lambda = \frac{x_k d}{kD}$$

解得 $\lambda_{k=6} = 667\text{nm}$，$\lambda_{k=7} = 571\text{nm}$，$\lambda_{k=8} = 500\text{nm}$，$\lambda_{k=9} = 444\text{nm}$，$\lambda_{k=10} = 400\text{nm}$。它们分别是 $k = 6$、7、8、9、10 级明纹。

4-2-2 白色平行光垂直入射到间距 $d = 0.25\text{mm}$ 的双缝上，距 $D = 50\text{cm}$ 处放置屏幕，分别求第 1 级和第 5 级明纹彩色带的宽度（设白光的波长范围是 400 ~ 760nm，这里说的"彩色带宽度"指两个极端波长的同级明纹中心之间的距离）。

解 由杨氏双缝干涉公式，即

$$x_k = k\frac{D}{d}\lambda$$

得彩带宽度为

$$\Delta x_k = k\frac{D}{d}(\lambda_{\text{M}} - \lambda_{\text{m}})$$

其中，$\lambda_{\text{M}} = 760\text{nm}$，$\lambda_{\text{m}} = 400\text{nm}$，故

$$\Delta x_1 = 0.72\text{mm}, \quad \Delta x_5 = 3.6\text{mm}$$

4-2-3 在双缝干涉实验中，双缝与屏间的距离 $D = 1.2\text{ m}$，双缝间距 $d = 0.45\text{mm}$，若测得屏上干涉条纹相邻明条纹间距为 1.5mm，求光源发出的单色光的波长。

解 由杨氏双缝干涉公式，即

$$\Delta x_k = \frac{D}{d}\lambda$$

解得

$$\lambda = \frac{\Delta x_k d}{D} = 562.5\text{nm}$$

4-2-4 薄钢片上有两条紧靠的平行细缝，用波长 $\lambda = 546.1\text{nm}$ 的平面光波正入射到钢片上。屏幕距双缝的距离 $D = 2.00\text{m}$，测得中央明条纹两侧的第 5 级明条纹间的距离 $\Delta x = 12.0\text{mm}$。求：Q1：两缝间的距

笔记

离；Q2：从任一明条纹（记作 0）向一边数到第 20 条明条纹，共经过多大距离？Q3：如果使光波斜入射到钢片上，条纹间距将如何改变？

解　Q1：由杨氏双缝干涉公式，即

$$x_k = k\frac{D}{d}\lambda$$

解得

$$\Delta x_k = 10\frac{D}{d}\lambda$$

$$d = 10\frac{D}{\Delta x}\lambda = 0.910\text{mm}$$

Q2：

$$\Delta x' = 20\frac{D}{d}\lambda = 2\Delta x = 24.0\text{mm}$$

Q3：如果使光波斜入射到钢片上，则在两狭缝间会产生一个初相位差，使 0 级明纹位置变化，但不改变光程差，因此，条纹间距不变。

4-2-5　在折射率 $n = 1.50$ 的玻璃上，镀上 $n' = 1.35$ 的透明介质薄膜。入射光波垂直于介质膜表面照射，观察反射光的干涉，发现对 $\lambda_1 = 600\text{nm}$ 的光波干涉相消，对 $\lambda_2 = 700\text{nm}$ 的光波干涉相长。且在 600~700nm 没有别的波长是最大限度加强或减弱的情形。求所镀介质膜的厚度。

解　如图 4-2-1 所示，由于两次反射均为光疏射向光密，因此两束发射光之间没有半波损失。由薄膜干涉公式，即

$$2n'e = \frac{2k+1}{2}\lambda_1 = k\lambda_2$$

解得

$$k = 3,\ e = 778\text{nm}$$

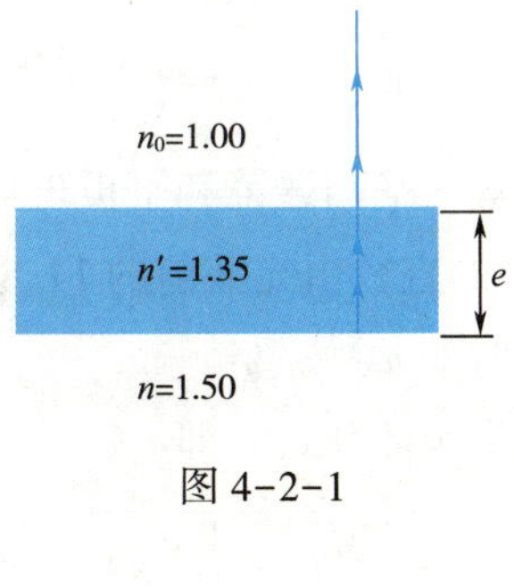

图 4-2-1

笔记

4-2-6 用波长为 λ_1 的单色光垂直照射牛顿环装置时，测得中央暗斑外第1和第4暗环半径之差为 l_1，而用未知单色光垂直照射时，测得第1和第4暗环半径之差为 l_2，求未知单色光的波长 λ_2。

解 由牛顿环公式，即 $r_k=\sqrt{kR\lambda}$，根据题意可得

$$l_1=\sqrt{4R\lambda_1}-\sqrt{R\lambda_1}=\sqrt{R\lambda_1}$$

$$l_2=\sqrt{4R\lambda_2}-\sqrt{R\lambda_2}=\sqrt{R\lambda_2}$$

即有

$$\frac{\lambda_2}{\lambda_1}=\frac{l_2^2}{l_1^2}$$

$$\lambda_2=\frac{l_2^2}{l_1^2}\lambda_1$$

4-2-7 如图4-2-2（a）所示，牛顿环装置的平凸透镜与平板玻璃有一小缝隙 e_0。现用波长为 λ 的单色光垂直照射，已知平凸透镜的曲率半径为 R，求反射光形成的牛顿环的各暗环半径。

解 如图4-2-2（b）所示，由几何关系得 k 级暗纹半径为

$$r_k^2=R^2-[R-(e_k-e_0)]^2\approx 2R(e_k-e_0)$$

其中，e_k 为 k 级暗纹对应的薄膜厚度，满足 $2e_k=k\lambda$，所以

$$r_k=\sqrt{kR\lambda-2Re_0}$$

其中，k 取大于或等于 $\frac{2e_0}{\lambda}$ 的整数。

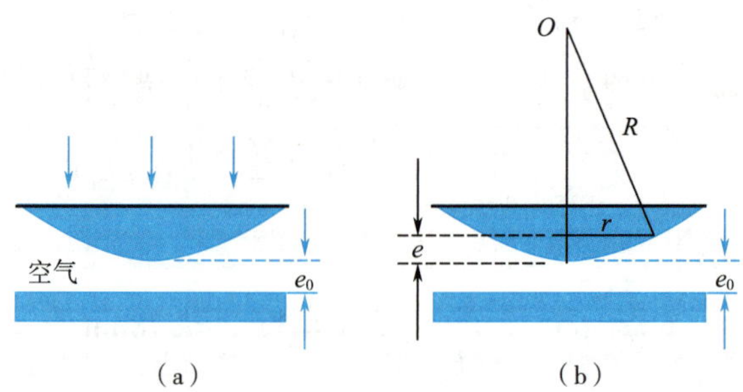

图4-2-2

4-2-8 在牛顿环装置的平凸透镜和平板玻璃间充以某种透明液体，观测到第10级明环的直径由充液前的14.8cm变成充液后的12.7cm，求这种液体的折射率 n。

解 由牛顿环公式，即

$$r_k=\sqrt{\left(k-\frac{1}{2}\right)R\lambda}\,,\quad r'_k=\sqrt{\left(k-\frac{1}{2}\right)\frac{R\lambda}{n}}$$

笔记

$$\frac{d_k'}{d_k}=\sqrt{\frac{1}{n}}$$

所以

$$n=\left(\frac{d_k}{d_k'}\right)^2=1.36$$

4-2-9 用波长 $\lambda=600\text{nm}$ 的光垂直照射由两块平玻璃板构成的空气劈形膜，劈尖角 $\alpha=2\times10^{-4}\text{rad}$。改变劈尖角，相邻两明条纹间距缩小了 $\Delta l=1.0\text{mm}$，求劈尖角的改变量。

解　由劈尖公式，即　$\alpha=\dfrac{\lambda}{2l}$

解得

$$l=\frac{\lambda}{2\alpha}=1.5\text{mm}$$

又因为

$$l'=l-\Delta l=0.5\text{mm}$$

所以

$$\alpha'=\frac{\lambda}{2l'}=6\times10^{-4}\ \text{rad}$$

$$\Delta\alpha=\alpha-\alpha'=-4\times10^{-4}\ \text{rad}$$

即劈尖角增大了 $4\times10^{-4}\text{rad}$。

4-2-10 如图 4-2-3 所示，用波长为 λ_1 的单色光照射空气劈形膜，从反射光干涉条纹中观察到劈形膜装置的 A 点处是暗条纹。若连续改变入射光波长，直到波长变为 λ_2（$\lambda_2>\lambda_1$）时，A 点再次变为暗条纹，求 A 点的空气薄膜厚度。

解　设 A 点处空气薄膜的厚度为 e，由薄膜干涉公式则有

$$2e+\frac{1}{2}\lambda_1=\frac{1}{2}(2k+1)\lambda_1$$

即有

$$2e=k\lambda_1$$

改变波长后有

$$2e=(k-1)\lambda_2$$

故有

$$k\lambda_1=k\lambda_2-\lambda_2,\quad k=\frac{\lambda_2}{\lambda_2-\lambda_1}$$

$$e=\frac{1}{2}k\lambda_1=\frac{\lambda_1\lambda_2}{2(\lambda_2-\lambda_1)}$$

笔记

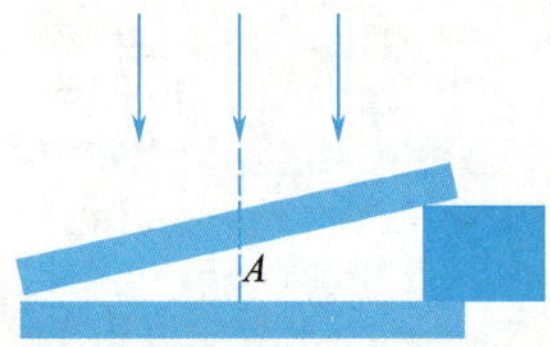

图 4-2-3

4-2-11 两块长度 10cm 的平玻璃片，一端互相接触，另一端用厚度为 0.004mm 的纸片隔开，形成空气劈形膜。以波长为 500nm 的平行光垂直照射，观察反射光的等厚干涉条纹，在全部 10cm 的长度内呈现多少条明纹？

解 由薄膜干涉公式，即

$$2e_k + \frac{\lambda}{2} = k\lambda$$

解得

$$k = \frac{2e_k}{\lambda} + \frac{1}{2}$$

由于 $0 < e_k < 4000\text{nm}$，且 k 只能取整数，故 $k = 1, 2, \cdots, 16$，即呈现 16 条明纹。

4-2-12 在 Si 的平表面上氧化了一层厚度均匀的 SiO_2 薄膜。为测量薄膜厚度，将它的一部分磨成劈形（图 4-2-4 中的 AB 段）。现用波长为 600nm 的平行光垂直照射，观察反射光形成的等厚干涉条纹。在图中 AB 段共有 8 条暗纹，且 B 处恰好是一条暗纹，求薄膜的厚度（Si 折射率为 3.42，SiO_2 折射率为 1.50）。

解 上下表面反射都有相位突变 π，计算光程差时不必考虑附加的半波长。设膜厚为 e，B 处为暗纹，由薄膜干涉公式有

$$2ne_k = (2k+1)\frac{\lambda}{2}$$

A 处为明纹，B 处第 8 个暗纹对应上式 $k = 7$，则

$$e = \frac{(2k+1)\lambda}{4n} = 1.5 \times 10^{-3}\text{mm}$$

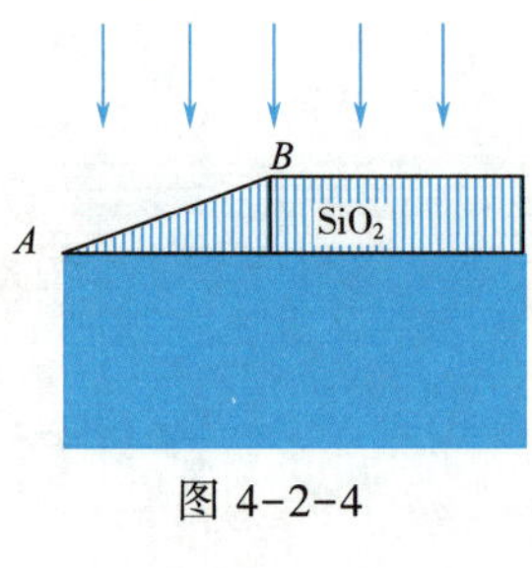

图 4-2-4

笔记

4-2-13 利用迈克尔逊干涉仪可以测量波长，如果反射镜移动 0.200mm，条纹移动 560 次，求被测的光波长。

解 由薄膜干涉公式，即

$$2e_k + \frac{\lambda}{2} = k\lambda$$

解得

$$\Delta e = \frac{\lambda}{2}$$

$$\Delta l = k\Delta e = k\frac{\lambda}{2}$$

所以

$$\lambda = \frac{2\Delta l}{k} = 714\text{nm}$$

4-2-14 利用迈克尔逊干涉仪可以进行精密测量，光源采用 He-Ne 激光器（波长 632.8nm），系统的条纹分辨率可以达到十分之一个条纹，则整机长度测量精度是多少？

解 $\Delta e = \frac{\lambda}{2}$ 说明一个条纹的精度为半个波长，则十分之一个条纹的精度为

$$\Delta l = \frac{\lambda}{20} = 30\text{nm}$$

4-2-15 如果法布里-珀罗干涉仪两反射镜之间距离为 1.00cm，则用 500nm 的绿光进行测量，透射干涉图样的中心正好是一个亮斑，求第 10 个亮环的角直径。

解 由薄膜干涉公式，即 $2h\cos\theta_k = k\lambda$，得到中心正好是一个亮斑，即 $\theta_k = 0$ 时，$k = \frac{2h}{\lambda} = 2\times10^4$。

第 10 个亮环的级数为 $k-9$，则

$$2h\cos\theta_{k-9} = (k-9)\lambda$$

即有

$$\frac{k-9}{k} = \cos\theta_{k-9}$$

由于 $\theta_{k-9}\to0$，可以将 $\cos\theta_{k-9}$ 在 0 附近展开，并保留二阶小量、忽略高阶小量，得 $1-\frac{9}{k} = \cos\theta_{k-9} \approx 1-\frac{1}{2}\theta_{k-9}^2$。

所以角直径为

笔记

$$2\theta_{k-9} = 2\frac{3}{\sqrt{\frac{k}{2}}} = 0.06\text{rad}$$

4-2-16 一个含有两根谱线的光源照射 F-P 标准具，标准具两镜面的间距为 0.25mm，谱线 1 的干涉图样中第 2 和第 5 环半径分别为 2mm 和 3.8mm，谱线 2 第 2 和第 5 环的半径分别为 2.1mm 和 3.85mm，两谱线的平均波长为 500nm，求两谱线的波长差。

解 设第 5 和第 2 环级数分别为 k 和 $k-3$，由薄膜干涉公式

$$2h\cos\theta_k = k\lambda$$

可得 $\theta_k \to 0$，$\theta_{k-3} \to 0$。因此，可将上式 $\cos\theta_k$ 在 0 附近展开，并保留二阶小量忽略高阶小量，得

$$k\frac{\lambda}{2h} = \cos\theta_k \approx 1 - \frac{1}{2}\theta_k^2$$

且由几何光学成像关系，在 0 附近展开，只保留二阶小量、忽略高阶小量，得

$$r_k = f\tan\theta_k \approx f\theta_k$$

联立上述两式得

$$k\frac{\lambda}{2h} = 1 - \frac{1}{2}\frac{r_k^2}{f^2}$$

对于 $k-3$ 级，等式改写为

$$(k-3)\frac{\lambda}{2h} = 1 - \frac{1}{2}\frac{r_{k-3}^2}{f^2}$$

将上述两式作差得

$$3\frac{\lambda}{2h} = -\frac{1}{2}\frac{r_k^2 - r_{k-3}^2}{f^2}$$

对于波长 λ'，等式改写为

$$3\frac{\lambda'}{2h} = -\frac{1}{2}\frac{r'^2_k - r'^2_{k-3}}{f^2}$$

将上述两式相比，得

$$\frac{\lambda'}{\lambda} = \frac{r'^2_k - r'^2_{k-3}}{r_k^2 - r_{k-3}^2} = 0.9974$$

再由 $\frac{\lambda + \lambda'}{2} = 500\text{nm}$，得

$$\Delta\lambda = \lambda - \lambda' = 1.3\text{nm}$$

笔记

【同步训练题】

（1）在双缝干涉实验中，波长 $l=550\text{nm}$ 的单色平行光垂直入射到缝间距 $a=2\times10^{-4}\text{m}$ 的双缝上，屏到双缝的距离 $D=2\text{m}$ 。求：Q1：中央明纹两侧的两条第 10 级明纹中心的间距；Q2：用一厚度 $e=6.6\times10^{-5}\text{m}$ 、折射率 $n=1.58$ 的玻璃片覆盖一缝后，零级明纹将移到原来的第几级明纹处？（$1\text{nm}=10^{-9}\text{m}$）

（2）在如图 4-2-5 所示的双缝干涉实验中，若用薄玻璃片（折射率 $n_1=1.4$）覆盖缝 S_1，用同样厚度的玻璃片（但折射率 $n_1=1.7$）覆盖缝 S_2，将使原来未放玻璃时屏上的中央 0 级明条纹变为第 5 级明纹。设单色光波长 $\lambda=480\text{nm}$($1\text{nm}=10^{-9}\text{m}$)，求玻璃片的厚度 d（可认为光线垂直穿过玻璃片）。

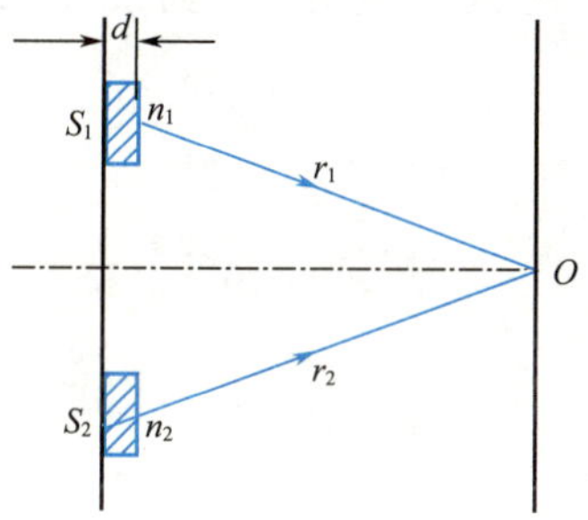

图 4-2-5

（3）用波长 $\lambda=500\text{nm}$（$1\text{nm}=10^{-9}\text{m}$）的单色光作牛顿环实验，测得第 k 个暗环半径 $r_k=4\text{mm}$，第（k+10）个暗环半径 $r_{k+10}=6\text{mm}$，求平凸透镜凸面的曲率半径 R 。

（4）用波长 $\lambda=500\text{nm}$（$1\text{nm}=10^{-9}\text{m}$）的单色光垂直照射在由两块玻璃板（一端刚好接触成为劈棱）构成的空气劈形膜上，劈尖角 $\theta=2\times10^{-4}\text{rad}$，如果劈形膜内充满折射率 $n=1.40$ 的液体，求从劈棱数起第 5 个明条纹在充入液体前后移动的距离。

（5）在如图 4-2-6 所示的牛顿环装置中，把玻璃平凸透镜和平面玻璃（设玻璃折射率 $n_1=1.50$）之间的空气（$n_2=1.00$）改换成水（$n_2'=1.33$），求第 k 个暗环半径的相对 $\dfrac{r_k-r'_k}{r_k}$ 。

（6）折射率为 1.60 的两块标准平面玻璃板之间形成一个劈形膜（劈尖角 θ 很小）。用波长 $\lambda=600\text{nm}$（$1\text{nm}=10^{-9}\text{m}$）的单色光垂直入射，产生等厚干涉条纹。假如在劈形膜内充满 $n=1.40$ 的液体时的相邻明纹间距比劈形膜内是空气时的间距缩小 $\Delta l=0.5\text{mm}$，那么劈尖角 θ 应是多少？

笔记

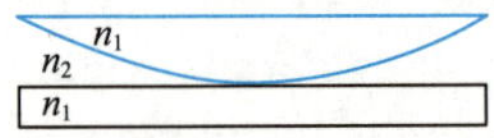

图 4-2-6

(7) 波长 $\lambda=650\text{nm}$（$1\text{nm}=10^{-9}\text{m}$）的红光垂直照射到劈形液膜上，膜的折射率 $n=1.33$，液面两侧是同一种媒质，观察反射光的干涉条纹。求：Q1：离开劈形膜棱边的第 1 条明条纹中心所对应的膜厚度是多少；Q2：若相邻的明条纹间距 $l=6\text{mm}$，上述第 1 条明纹中心到劈形膜棱边的距离 x 是多少。

【同步训练题答案】

(1) Q1：$\Delta x=0.11\text{m}$；Q2：0 级明纹移到原第 7 级明纹处

(2) $d=8.0\times10^{-7}\text{m}$

(3) $R=4\text{m}$

(4) $\Delta l=1.61\text{mm}$

(5) $\dfrac{r_k-r_k'}{r_k}=13.3\%$

(6) $\theta=1.7\times10^{-4}\text{rad}$

(7) Q1：$e_1=1.2\times10^{-4}\text{mm}$；Q2：$x=3\text{mm}$

第3章

光的衍射

笔记

【知识要点】

3.1　光的衍射现象

光在传播中若遇到尺寸比光的波长大得不多的障碍物时，光会传到障碍物的阴影区并形成明暗相间的条纹，这种现象就是光的衍射。

3.2　衍射的基本理论

惠更斯-菲涅耳原理：从同一波阵面上各点发出的子波是相干波，在传播到空间某一点时，各子波进行相干叠加的结果决定了该处的波振幅，即

$$U(P)=\frac{i}{2\lambda}\int_{\Sigma}U(Q)\frac{e^{-ikr}}{r}(1+\cos\theta)\mathrm{d}S$$

3.3　单缝夫琅禾费衍射

用半波带法分析。单色光垂直入射时，单缝夫琅禾费衍射各级条纹在接收屏上的位置为

$$x_k=f\tan\theta_k\approx f\sin\theta_k=\begin{cases}0 & \text{中央明纹}\\ \pm k\dfrac{f\lambda}{a} & \text{暗纹 } k=1,2,\cdots\\ \pm(2k+1)\dfrac{f\lambda}{2a} & \text{明纹 } k=1,2,\cdots\end{cases}$$

中央明纹宽度：　$$\Delta x=\frac{2f\lambda}{a}$$

中央明纹的半角宽度：　$$\Delta\theta\approx\frac{\lambda}{a}$$

3.4　圆孔衍射与光学仪器的分辨本领

3.4.1　圆孔衍射及艾里斑

单色光垂直入射时，中央亮斑（艾里斑）角半径为

笔记

$$\theta = 1.22\frac{\lambda}{D}$$

3.4.2 光学系统的分辨本领

根据圆孔衍射规律和瑞利判据可得

最小分辨角：$$\delta\theta = 1.22\frac{\lambda}{D}$$

分辨率：$$\eta = \frac{1}{\delta\theta} = \frac{D}{1.22\lambda}$$

3.5 衍射光栅

3.5.1 光栅的结构与光强

光栅：平行排列的许多等距离、等宽度的狭缝就构成了透射式平面衍射光栅。

衍射条纹：光栅的衍射条纹是衍射和干涉的总效果。

光栅公式：单色光垂直入射时，主极大（明纹）的衍射角满足

$$d\sin\theta = \pm k\lambda,\ k = 0,\ 1,\ 2,\ \cdots$$

缺级现象：尽管光栅衍射主极大强度是每个通光单缝射光强的 N^2 倍，但如果对应方向恰好是单缝衍射的暗纹方向，即衍射光强为零，则对应该方向的光栅衍射主极大的强度也是零，这种现象被称为缺级。缺级的级次为

$$k = \frac{d}{a}k'$$

式中，k，k' 均为整数。

3.5.2 光栅光谱仪

透射光栅光谱仪；反射光栅光谱仪。

3.5.3 光栅斜入射衍射及分辨本领

光栅公式：当光线以一定角 φ 入射时，有

$$d(\sin\varphi \pm \sin\theta) = k\lambda$$

光栅分辨本领：$$A = \frac{\lambda}{\delta\lambda} = kN$$

3.6 X 射线的衍射

布拉格公式：$2d\sin\theta = k\lambda,\ k = 0,\ 1,\ 2,\ \cdots$

【典型例题】

笔记

4-3-1　用氦氖激光器发射的单色光（波长 $\lambda = 632.8\text{nm}$）垂直照射到单缝上，所得夫琅禾费衍射图样中第1级暗条纹的衍射角为5°，求缝宽度。

解　由单缝衍射公式，即

$$a\sin\theta_k = k\lambda$$

解得

$$a = \frac{\lambda}{\sin\theta_1} \approx \frac{\lambda}{\theta_1} = 7.26\mu\text{m}$$

4-3-2　单缝的宽度 $a = 0.10\text{mm}$，在缝后放一焦距为50cm的会聚透镜，用平行绿光（$\lambda = 546\text{nm}$）垂直照射到单缝上，试求位于透镜焦平面处的屏幕上中央明条纹宽度。

解　由单缝衍射公式，即

$$x_k \approx f\tan\theta_k \approx kf\frac{\lambda}{a}$$

得中央明条纹宽度为

$$\Delta x_0 = 2x_1 = 2f\frac{\lambda}{a} = 5.46\text{mm}$$

4-3-3　用波长 $\lambda = 632.8\text{nm}$ 的平行光垂直入射在单缝上，缝后用焦距 $f=40\text{cm}$ 的凸透镜把衍射光会聚于焦平面上。测得中央明条纹的宽度为3.4mm，单缝的宽度是多少？

解　由单缝衍射公式，即

$$\Delta x_0 = 2f\frac{\lambda}{a}$$

解得

$$a = 2f\frac{\lambda}{\Delta x_0} = 0.15\text{mm}$$

4-3-4　在单缝的夫琅禾费衍射中，缝宽 $a = 0.100\text{m}$，平行光垂直入射在单缝上，波长 $\lambda = 500\text{nm}$，透镜的焦距 $f = 1.00\text{m}$。求中央亮纹旁第1个亮纹的宽度 Δx。

解　由单缝衍射公式，即

$$x_k \approx f\tan\theta_k \approx kf\frac{\lambda}{a}$$

得1级亮纹的宽度为

笔记

$$\Delta x = x_2 - x_1 = f\frac{\lambda}{a} = 5\text{mm}$$

4-3-5 在单缝夫琅禾费衍射实验中，垂直入射的光有两种波长：$\lambda_1 = 400\text{nm}$、$\lambda_2 = 760\text{nm}$。已知单缝宽度 $a = 0.01\text{cm}$，透镜焦距 $f = 50\text{cm}$。求：Q1：两种光第 1 级衍射明纹中心之间的距离。Q2：若用光栅常数 $d = 1.0\text{m} \times 10^{-3}\text{cm}$ 的光栅替换单缝，其他条件不变，求两种光第 1 级主极大之间的距离。

解 Q1：由单缝衍射明纹公式，即

$$a\sin\theta = \pm(2k+1)\frac{\lambda}{2},\quad k = 1,\ 2,\ \cdots$$

$$x = \frac{3}{2}f\frac{\lambda}{a}$$

解得 1 级明纹中心之间的距离为

$$\Delta x = x_2 - x_1 = \frac{3}{2}f\frac{\lambda_2 - \lambda_1}{a} = 2.7\text{mm}$$

Q2：由光栅衍射公式，即

$$d\sin\theta = \pm k\lambda,\quad k = 0,\ 1,\ 2,\ \cdots$$

$$x = f\frac{\lambda}{d}$$

解得 1 级明纹中心之间的距离为

$$\Delta x = x_2 - x_1 = f\frac{\lambda_2 - \lambda_1}{d} = 18\text{mm}$$

4-3-6 如图 4-3-1（a）所示，设波长为 λ 的平面波沿与单缝平面法线成 θ 角的方向入射，单缝 AB 的宽度为 a，观察夫琅禾费衍射。试求出各极小值（即各暗条纹）的衍射角 φ。

解 1、2 两光线的光程差在如图 4-3-1（b）所示的情况下为

$$\delta = \overline{CA} - \overline{BD} = a\sin\theta - a\sin\varphi$$

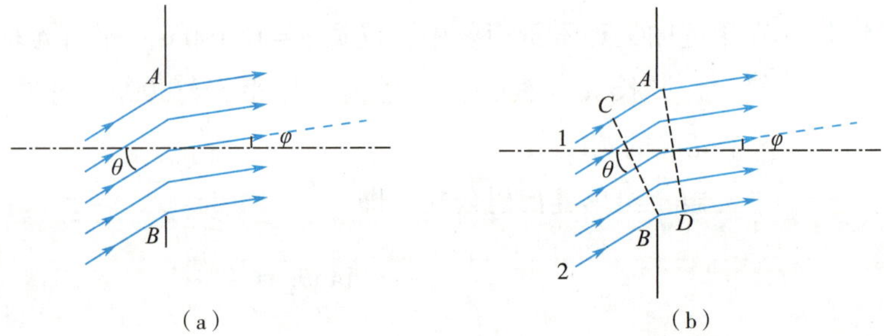

图 4-3-1

笔记

由单缝衍射极小值条件，即

$$a(\sin\theta - \sin\varphi) = \pm k\lambda, \ k = 1, 2, \cdots$$

解得

$$\varphi = \arcsin(\pm k\lambda/a + \sin\theta), \ k = 1, 2, \cdots$$

4-3-7 波长在 450~650nm 的复色平行光垂直照射在每厘米有 5000 条刻线的光栅上，屏幕放在透镜的焦面处，屏上第 2 级光谱各色光在屏上所占范围的宽度为 36.1cm，求透镜的焦距 f。

解 由光栅衍射公式，即

$$x_k = kf\frac{\lambda}{a}$$

解得

$$\Delta x_2 = 2f\frac{\Delta\lambda}{d}$$

式中，$\Delta\lambda = 650 - 450 = 200\text{mm}$，$d = \frac{1}{5000}\text{cm} = 2000\text{nm}$，$\Delta x_2 = 0.361\text{m}$

因此，焦距为

$$f = 1.81\text{m}$$

4-3-8 设光栅平面和透镜都与屏幕平行，在平面透射光栅上每厘米有 5000 条刻线，用它来观察钠黄光（$\lambda = 589\text{nm}$）的光谱线。求：Q1：当光线垂直入射到光栅上时，能看到的光谱线的最高级 k_m 是多少；Q2：当光线以 30°的入射角（入射线与光栅平面的法线的夹角）斜入射到光栅上时，能看到的光谱线的最高级次 k_m 是多少？

解 Q1：由光栅衍射公式，即

$$\sin\theta_k = k\frac{\lambda}{d}$$

可知

$$-1 < k\frac{\lambda}{d} < 1$$

式中，$\lambda = 589\text{nm}$，$d = \frac{1}{5000}\text{cm} = 2000\text{nm}$，$k$ 取整数。故最高级次 $k_m = \pm 3$，即最高级次为 3 级。

Q2：当光线以 30°的入射角入射到光栅上时，光栅衍射公式变为

$$\sin\theta_k - \sin 30° = k\frac{\lambda}{d}$$

笔记

可知

$$-\frac{3}{2} < k\frac{\lambda}{d} < \frac{1}{2}$$

故最高级次 $k'_m = -5$ 或 $k'_m = 1$，即最高为 5 级。

4-3-9 某种单色光垂直入射到每厘米有 8000 条刻线的光栅上，如果第一级谱线的衍射角为 30°，那么入射光的波长是多少？能不能观察到第二级谱线？

解 由光栅衍射公式，即

$$k\lambda = d\sin\theta_k$$

解得

$$\lambda = d\sin\theta_1 = 625\text{nm}$$

当 $k = 2$ 时，有

$$\theta_2 = 90°$$

故不能观察到第二级谱线。

【同步训练题】

（1）波长为 600nm 的单色光垂直入射到宽度 $a = 0.10$mm 的单缝上，观察夫琅禾费衍射图样，透镜焦距 $f = 1.0$m，屏在透镜的焦平面处。求：Q1：中央衍射明条纹的宽度 Δx_0；Q2：第 2 级暗纹离透镜焦点的距离 x_2。

（2）用波长 $\lambda = 632.8$nm 的平行光垂直照射单缝，缝宽 $a = 0.15$mm，缝后用凸透镜把衍射光会聚在焦平面上，测得第二级与第三级暗条纹之间的距离为 1.7mm，求此透镜的焦距。

（3）在某个单缝衍射实验中，光源发出的光含有两种波长 λ_1 和 λ_2，垂直入射于单缝上。假如 λ_1 的第 1 级衍射极小与 λ_2 的第 2 级衍射极小相重合，试求：Q1：这两种波长之间有何关系；Q2：在这两种波长的光所形成的衍射图样中，是否还有其他极小相重合。

（4）在夫琅禾费单缝衍射实验中，如果缝宽 a 与入射光波长 λ 的比值分别为 1、10、100，试分别计算中央明条纹边缘的射角，再讨论计算结果说明什么问题。

（5）一束具有两种波长 λ_1 和 λ_2 的平行光垂直照射到一衍射光栅上，测得波长 λ_1 的第 3 级主极大衍射角和 λ_2 的第 4 级主极大衍射角均为 30°。已知 $\lambda_1 = 560$nm，试求：Q1：光栅常数 $a + b$；Q2：波长 λ_2。

（6）以波长 400~760nm 的白光垂直照射在光栅上，在它的衍射光谱中，第 2 级和第 3 级发生重叠，求第 2 级光谱被重叠的波长范围。

（7）波长为 600nm 的单色光垂直入射到一光栅上，测得第 2 级主极大的

笔记

衍射角为30°，且第3级是缺级。求：Q1：光栅常数 $a+b$ 等于多少；Q2：透光缝可能的最小宽度 a 等于多少；Q3：在选定了上述 $a+b$ 和 a 之后，求衍射角在 $-\frac{1}{2}\pi \sim \frac{1}{2}\pi$ 范围内可能观察到的全部主极大的级次。

（8）一衍射光栅每厘米有200条透光缝，每条透光缝宽 $a=2\times10^{-3}$cm，在光栅后放一焦距 $f=1$m 的凸透镜，现以 $\lambda=600$nm（$1\text{nm}=10^{-9}$m）的单色平行光垂直照射光栅，求：Q1：透光缝 a 的单缝衍射中央明条纹宽度为多少；Q2：在该宽度内，有几个光栅衍射主极大？

【同步训练题答案】

（1）Q1：$\Delta x_0=1.2$cm；Q2：$x_2=1.2$cm

（2）$f\approx400$mm

（3）Q1：$\lambda_1=2\lambda_2$；Q2：λ_1 的任一 k_1 级极小都与 λ_2 的 $2k_1$ 级极小相重合

（4）$\varphi_1=90°$；$\varphi_2=50°44'$；$\varphi_3=34'$

这说明，比值 $\frac{\lambda}{a}$ 变小，所求的衍射角变小，中央明纹变窄（其他明纹也相应地变为更靠近中心点），衍射效应越来越不明显。$\frac{\lambda}{a}\to0$ 的极限情形即几何光学的情形：光线沿直线传播，无衍射效应。

（5）Q1：$a+b=3.36\times10^{-4}$cm；Q2：$\lambda_2=420$nm

（6）第2级光谱被重叠的波长范围是600~760nm

（7）Q1：$a+b=2.4\times10^{-4}$cm；Q2：$a=0.8\times10^{-4}$cm；Q3：实际呈现 $k=0$，±1，±2 级明纹。

（8）Q1：$\Delta x=0.06$m；Q2：共有 $k=0$，±1，±2 等5个主极大

笔记

第4章 光的偏振

【知识要点】

4.1 光的偏振现象和马吕斯定律

4.1.1 自然光与偏振光

自然光：一束光中包含各个方向的光矢量，没有哪一个方向占优势。

线偏振光：光矢量的振动只在某一固定方向上的光。

部分偏振光：某一方向的光振动比与其垂直方向上的光振动占优势。

偏振面：光矢量方向与光的传播方向组成的平面。

4.1.2 偏振片和马吕斯定律

偏振片：选择性地吸收某一方向的光振动，而允许与其垂直的光振动通过，这种透明薄片称为偏振片。

马吕斯定律：若入射检偏器线偏振光的光强为 I_0，则检偏器射出的光强为

$$I = I_0\cos^2\alpha$$

4.2 反射和折射的偏振效应

布儒斯特定律：自然光以角 i_0 入射到两种介质的分界面上时，反射光为线偏振光，i_0 满足 $\tan i_0 = \dfrac{n_2}{n_1}$，入射角 i_0 称为布儒斯特角，且反射光线和折射光线相互垂直。

4.3 光的双折射

4.3.1 寻常光和非常光

双折射现象：自然光射入晶体后分作 o 光和 e 光两束，且两者均为线偏振光。

寻常光线（或 o 光）：遵从折射定律的折射光线。

非常光线（或 e 光）：不遵从折射定律的折射光线，且一般不在入射面内。

笔记

4.3.2 单轴双折射晶体中的光传播

正单轴晶体，负单轴晶体；波晶片。

4.3.3 晶体偏振器件

1/4 波片：若晶片的厚度 d 使 o 光和 e 光产生的相位差 $\Delta\varphi = \frac{2\pi}{\lambda}(n_o - n_e)d = \frac{\pi}{2}$，这时的晶片称为 1/4 波片。

半波片：若晶片的厚度 d 使 o 光和 e 光产生的相位差 $\Delta\varphi = \frac{2\pi}{\lambda}(n_o - n_e)d = \pi$，这时的晶片称为半波片。

4.3.4 人为双折射

有些非晶体，如塑料、玻璃、环氧树脂等，通常是各向同性的，没有双折射现象，但在外力或不均匀温度场的作用下，就会变成各向异性而显示出双折射性质；也有些液体，如硝基苯（$C_6H_5NO_2$），将其放在玻璃盒内，通常也没有双折射现象，但在电场的作用下，液体变成类似于晶体的物质而显示出双折射现象。这类双折射现象都是在外界条件（或人为条件）影响下产生的，所以称为人为双折射。

4.3.5 旋光现象

偏振光通过某些物质后，其振动面将以光的传播方向为轴线转过一定的角度，这种现象叫作旋光现象。

当入射的单色光波长一定时，振动面的旋转角为：

$$\Delta\varphi = al\rho$$

式中，l 为旋光物质的透光长度，ρ 为旋光物质的浓度，a 为与旋光物质有关的常数。

【典型例题】

4-4-1 两个偏振片叠在一起，在它们的偏振化方向呈 $\theta_1 = 30°$ 时，观测一束单色自然光。又在 $\theta_2 = 45°$ 时，观测另一束单色自然光。若两次所测得的透射光强度相等，则两次入射自然光的强度之比是多少。

解 设两次入射的光强分别为 I_1 和 I_2，由马吕斯定律得

$$\frac{1}{2}I_1\cos^2 30° = \frac{1}{2}I_2\cos^2 45°$$

所以

$$I_1 : I_2 = 2 : 3$$

笔记

4-4-2 将两个偏振片叠放在一起，此两偏振片的偏振化方向之间的夹角为60°，一束光强为 I_0 的线偏振光垂直入射到偏振片上，该光束的光矢量振动方向与两偏振片的偏振化方向皆成30°角。求：Q1：透过每个偏振片后的光束强度；Q2：若将原入射光束换为强度相同的自然光，求透过每个偏振片后的光束强度。

解 Q1：由马吕斯定律得

$$I_1 = I_0\cos^2 30 = \frac{3}{4}I_0$$

$$I_2 = I_1\cos^2 60 = \frac{3}{16}I_0$$

Q2：由马吕斯定律得

$$I_1 = \frac{1}{2}I_0$$

$$I_2 = I_1\cos^2 60 = \frac{1}{8}I_0$$

4-4-3 一束光强为 I_0 的自然光垂直入射在3个叠在一起的偏振片 P_1、P_2、P_3 上，已知 P_1 与 P_3 的偏振化方向相互垂直。求：Q1：P_2 与 P_3 偏振化方向之间的夹角为多大时，穿过第3个偏振片的透射光强为 $\frac{I_0}{8}$；Q2：若以入射光方向为轴转动 P_2，当 P_2 转过多大角度时，穿过第3个偏振片的透射光强由原来的 $\frac{I_0}{8}$ 单调减小到 $\frac{I_0}{16}$，此时 P_2、P_1 偏振化方向之间的夹角多大？

解 Q1：由马吕斯定律得

$$\frac{1}{2}I_0\sin^2\theta\cos^2\theta = \frac{I_0}{8}$$

解得

$$\theta = 45°$$

Q2：由马吕斯定律得

$$\frac{1}{2}I_0\sin^2\theta\cos^2\theta = \frac{I_0}{16}$$

解得

$$\theta = 67.5° \text{ 或 } \theta = 22.5°$$

即 P_2 转过±22.5°，此时 P_2、P_1 偏振化方向之间的夹角为22.5°或67.5°。

笔记

4-4-4 在水（折射率 $n=1.33$）和一种玻璃（折射率 $n=1.56$）的交界面上，自然光从水中射向玻璃，求起偏角 i_0。若自然光从玻璃中射向水，求此时的起偏角 i_0'。

解　由布儒斯特角公式，即

$$\tan i_0 = \frac{n_2}{n_1}$$

解得

$$i_0 = \arctan\frac{n_2}{n_1} = 1.173\ \text{rad} = 49.6°$$

又由

$$i_0 + i_0' = 90°$$

解得

$$i_0' = 40.4°$$

4-4-5 如图4-4-1所示的3种透光介质Ⅰ、Ⅱ、Ⅲ，其折射率分别为 $n_1=1.33$、$n_2=1.50$、$n_3=1$，两个交界面相互平行。一束自然光自介质Ⅰ中入射到Ⅰ与Ⅱ的交界面上，若反射光为线偏振光，求：Q1：入射角 i；Q2：介质Ⅱ、Ⅲ界面上的反射光是不是线偏振光？为什么？

解　Q1：由布儒斯特角公式，即

$$\tan i = \frac{n_2}{n_1}$$

解得

$$i = \arctan\frac{n_2}{n_1} = 1.128\ \text{rad} = 48.44°$$

Q2：令介质Ⅱ中的折射角为 r，则

$$r = 0.5\pi - i = 41.56°$$

此 r 在数值上等于在Ⅱ、Ⅲ界面上的入射角。

若Ⅱ、Ⅲ界面上的反射光是线偏振光，则必满足布儒斯特定律，即

$$\tan i_0 = \frac{n_3}{n_2} = \frac{1}{1.5},\quad i_0 = 33.69°$$

因为 $r \neq i_0$，故Ⅱ、Ⅲ界面上的反射光不是线偏振光。

笔记

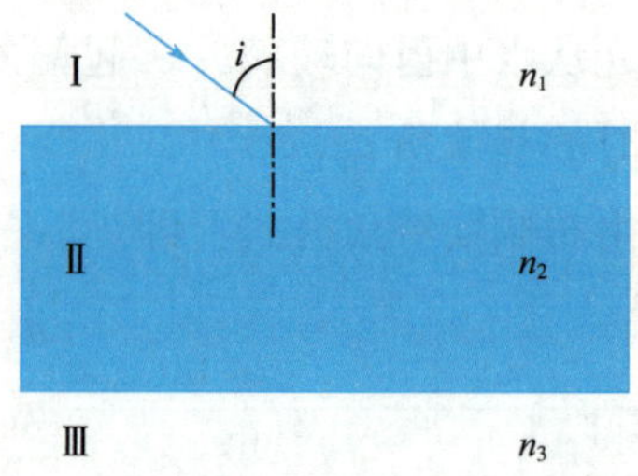

图 4-4-1

4-4-6 有一平面玻璃板放在水中，板面与水面夹角为 θ，如图 4-4-2 所示。设水和玻璃的折射率分别为 1.333 和 1.517，已知图中水面的反射光是完全偏振光，欲使玻璃板面的反射光也是完全偏振光，θ 角应是多大？

解 由布儒斯特角公式，得

$$\tan i_1=\frac{n_2}{n_1},\quad \tan i_2=\frac{n_3}{n_2}$$

其中，$n_1=1$，$n_2=1.333$，$n_3=1.517$。又由关系式 $i_1+\gamma_1=90°$（或折射定律 $n_1\sin i_1=n_2\sin\gamma_1$）及布儒斯特角公式得

$$\tan\gamma_1=\frac{n_1}{n_2}$$

其中，γ_1 为第一次折射时的折射角。

最后由几何关系得

$$\begin{aligned}\theta&=(i_2+90°)-(\gamma_1+90°)\\&=\arctan\frac{n_3}{n_2}-\arctan\frac{n_1}{n_2}\\&=0.206\text{rad}\\&=11.8°\end{aligned}$$

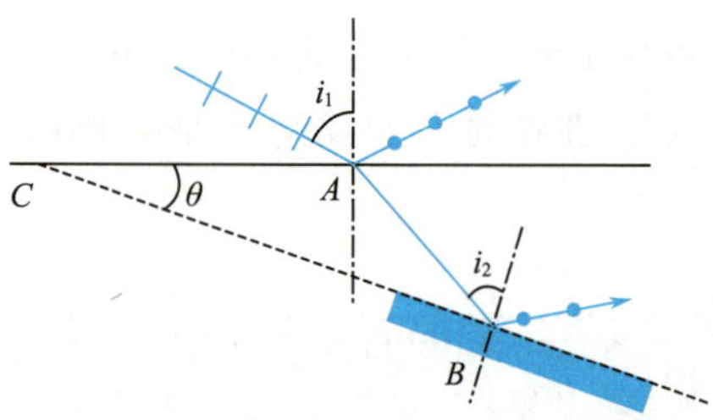

图 4-4-2

笔记

【同步训练题】

（1）要使一束线偏振光通过偏振片之后振动方向转过 90°，至少需要让这束光通过几块理想偏振片？在此情况下，透射光强最大是原来光强的多少倍？

（2）两个偏振片叠放在一起，强度为 I_0 的自然光垂直入射其上，若通过两个偏振片后的光强为 $\frac{I_0}{8}$，则此两偏振片的偏振化方向间的夹角（取锐角）是多少？若在两片之间再插入一片偏振片，其偏振化方向与前后两片的偏振化方向的夹角（取锐角）相等，则通过 3 个偏振片后的透射光强度为多少？

（3）用相互平行的一束自然光和一束线偏振光构成的混合光垂直照射在偏振片上，以光的传播方向为轴旋转偏振片时，发现透射光强的最大值为最小值的 5 倍，则入射光中，自然光强与线偏振光强之比为多少？

（4）一束自然光通过两个偏振片，若两偏振片的偏振化方向间夹角由 α_1 转到 α_2，则转动前后透射光强度之比为多少？试分别计算中央明条纹边缘的衍射角，再讨论计算结果说明什么问题。

（5）3 个偏振片 P_1、P_2 与 P_3 堆叠在一起，P_1 与 P_3 的偏振化方向相互垂直，P_2 与 P_1 的偏振化方向间的夹角为 30°。强度为 I_0 的自然光垂直入射于偏振片 P_1，并依次透过偏振片 P_1、P_2 与 P_3，则通过 3 个偏振片后的光强为多少？

（6）某种透明介质对于空气的临界角（指全反射）等于 45°，光从空气射向此介质时的布儒斯特角是多少？

（7）一束自然光自水（折射率为 1.33）中入射到玻璃表面上。当入射角 $\theta = 49.5°$ 时，反射光为线偏振光，求玻璃的折射率。

【同步训练题答案】

（1）2 块；$\frac{1}{4}$

（2）$\frac{\pi}{3}$；$\frac{9I_0}{32}$

（3）$\frac{1}{2}$

（4）$\frac{\cos^2\alpha_1}{\cos^2\alpha_2}$；讨论略

（5）$\frac{3I_0}{32}$

（6）$i_0 = 54.7°$

（7）$n_2 = 1.56$

第 5 部分
近代物理

提示：打开“九斗”APP，点击“[-]”，全屏扫描下图即可进行互动学习。

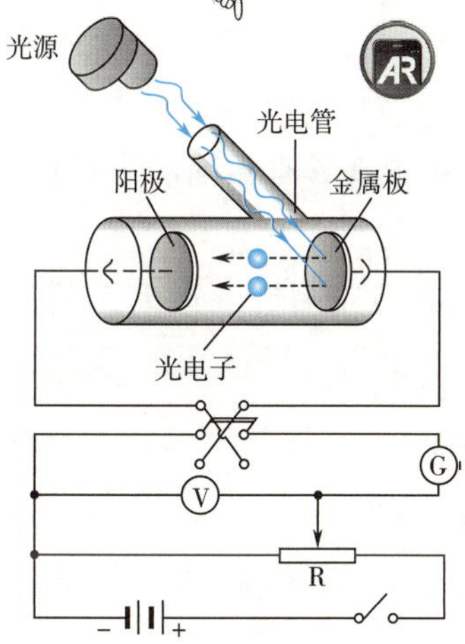

光电效应实验图

提示：打开“九斗”APP，点击“[-]”，选择“AR”，全屏扫描下图即可进行互动学习。

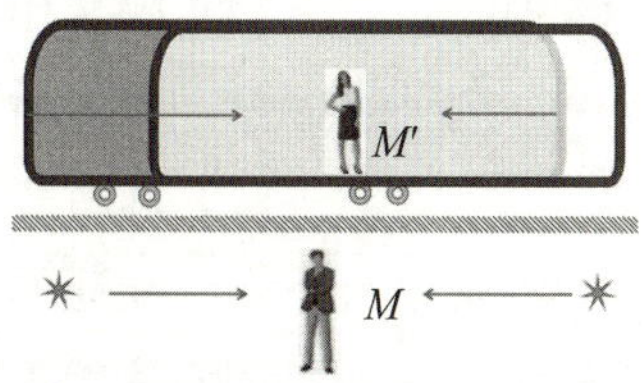

同时的相对性

提示：打开“九斗”APP，点击“[-]”，全屏扫描下图即可进行互动学习。

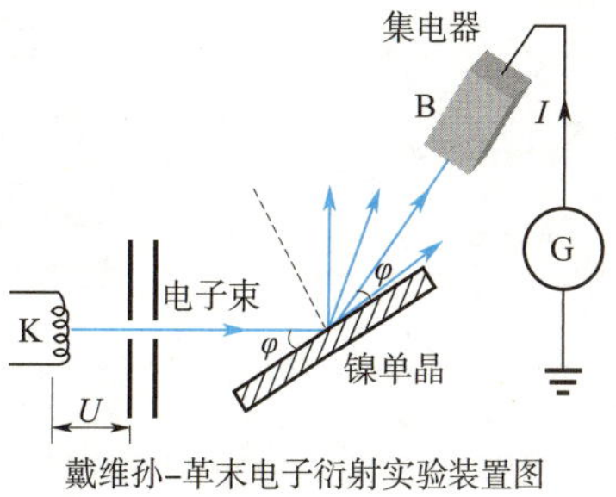

戴维孙-革末电子衍射实验装置图

笔记

第1章

狭义相对论

【知识要点】

1.1 经典力学的相对性原理

1.1.1 伽利略变换

伽利略变换式：

$$\begin{cases} x' = x - ut \\ y' = y \\ z' = z \\ t' = t \end{cases}$$

1.1.2 经典力学的绝对时空观

牛顿的绝对时空观：长度和时间的测量与参考系无关。

1.2 洛伦兹变化

狭义相对论的基本原理。

爱因斯坦相对性原理：物理定律在所有的惯性系中都具有相同的表达形式，即所有惯性参考系对运动的描述都是等效的。

光速不变原理：真空中的光速是常量，它与光源或观测者的运动无关，即不依赖于惯性系的选择。

洛伦兹坐标变换式：

$$\begin{cases} x' = \dfrac{x - ut}{\sqrt{1-\beta^2}} = \gamma(x - ut) \\ y' = y \\ z' = z \\ t' = \dfrac{t - \dfrac{ux}{c^2}}{\sqrt{1-\beta^2}} = \gamma\left(t - \dfrac{ux}{c^2}\right) \end{cases}$$

笔记

洛伦兹速度变换式：

$$\begin{cases} v'_x = \dfrac{v_x - u}{1 - \dfrac{u}{c^2}v_x} \\ v'_y = \dfrac{v_y}{\gamma\left(1 - \dfrac{u}{c^2}v_x\right)} \\ v'_z = \dfrac{u_z}{\gamma\left(1 - \dfrac{u}{c^2}v_x\right)} \end{cases}$$

式中，$\beta = \dfrac{u}{c}$；$\gamma = \dfrac{1}{\sqrt{1 - \beta^2}}$；$c$ 为光速。

1.3　狭义相对论的时空观

1.3.1　长度收缩

$$l = l_0\sqrt{1 - \beta^2}$$

式中，l_0 为固有长度。

1.3.2　时间延缓

$$\Delta t = \frac{\Delta t_0}{\sqrt{1 - \beta^2}}$$

式中，Δt_0 为固有时间。

1.3.3　同时的相对性

两个事件在惯性系 S 中的观察是同时但不同地，在另一个惯性系中的观察不再是同时。

1.3.4　因果关系的绝对性

参考系的变换，不会改变因果事件的先后顺序。

1.4　狭义相对论动力学基础

1.4.1　相对论质量与力学方程

相对论质量：$$m = \frac{m_0}{\sqrt{1 - (v/c)^2}} = \gamma m_0$$

式中，m_0 为静止质量。

相对论动量：$$p = \frac{m_0 v}{\sqrt{1 - (v/c)^2}} = \gamma m_0 v$$

笔记

相对论力学方程： $F=\frac{d}{dt}(mv)=m\frac{dv}{dt}+v\frac{dm}{dt}$

1.4.2 相对论能量

相对论质量与能量的关系： $E=mc^2$

相对论动能： $E_k=E-E_0=mc^2-m_0c^2$

1.4.3 相对论动量和能量的关系

$$E^2=p^2c^2+m_0^2c^4$$

【典型例题】

5-1-1 当火箭以速率 v 远离地球飞行时向前方发射一光脉冲，问光脉冲相对于火箭和地面的速率各是多少？

解 根据狭义相对论原理，得出光脉冲相对于火箭和地面的速率均为 c。

5-1-2 在 S 系中观察到同一地点发生的两个物理事件，第二事件发生在第一事件之后的 2s。在 S′系中观察到第二事件在第一事件后 3s 发生。求在 S 系中这两个事件的空间距离。

解 令 S′系与 S 系的相对速度为 $\boldsymbol{u}$，有

$$\Delta t'=\frac{\Delta t}{\sqrt{1-\left(\frac{u}{c}\right)^2}}$$

$$\left(\frac{\Delta t}{\Delta t'}\right)^2=1-\left(\frac{u}{c}\right)^2$$

则有

$$u=c\cdot\left[1-\left(\frac{\Delta t}{\Delta t'}\right)^2\right]^{\frac{1}{2}}$$

那么，在 S′系中测得两事件之间距离为

$$\Delta x'=u\Delta t'=c(\Delta t'^2-\Delta t^2)^{\frac{1}{2}}=6.71\times10^8\text{m}$$

5-1-3 宇宙飞船以 $0.9c$ 的速率从地球飞向 4.5 光年远的半人马星座。求：Q1：地球时钟需要多少时间；Q2：飞船时钟需要多少时间；Q3：在宇航员看来这段距离有多远。

解 令宇宙飞船系与地球相对速度为 $\boldsymbol{u}$，则

Q1：地球时钟需要时间为

笔记

$$\Delta t = \frac{\Delta x}{u} = \frac{4.5}{0.9c} = 5\text{a}$$ ❶

Q2：由于时间延缓，有

$$\Delta t = \frac{\Delta t'}{\sqrt{1 - \frac{u^2}{c^2}}}$$

所以，飞船时钟需要时间为

$$\Delta t' = \Delta t \sqrt{1 - \frac{u^2}{c^2}} = 2.18\text{a}$$

Q3：宇航员看来这段距离为

$$\Delta x' = u\Delta t' = 1.96\text{l. y.}$$ ❷

5-1-4　两惯性系 S 和 S′各对应的坐标轴相互平行，S′相对 S 沿 x 方向运动。设有一米尺静止在 S′系中，与 x' 轴成 30°，而在 S 系中测得米尺与 x 轴夹角为 45°。求：Q1：两坐标系的相对速度是多少；Q2：在 S 系中米尺的长度是多少？

解　令 S′系与 S 系的相对速度为 $\boldsymbol{u}$，如图 5-1-1 所示，则

Q1：
$$L'_x = L_x\sqrt{1 - \frac{u^2}{c^2}},\quad L'_y = L_y$$

$$\frac{L'_x}{L'_y} = \frac{L_x}{L_y}\sqrt{1 - \frac{u^2}{c^2}},\quad \tan\alpha' = \tan\alpha\sqrt{1 - \frac{u^2}{c^2}}$$

其中，$\alpha' = 30°$，$\alpha = 45°$，得相对速度为

$$u = \frac{\sqrt{6}}{3}c$$

Q2：
$$L'_y = L'\sin\alpha' = 1 \cdot \sin 30° = 0.5\text{m}$$
$$L'_y = L_y$$

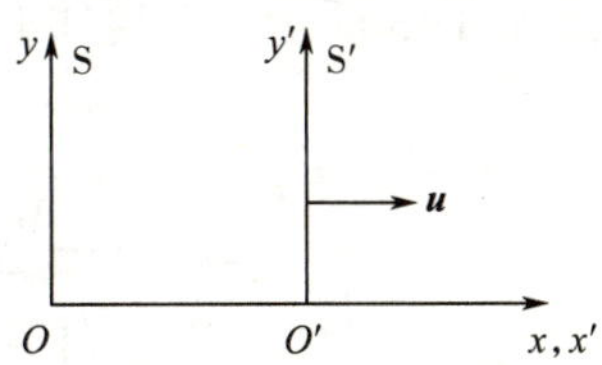

图 5-1-1

❶ “a” 是年（拉丁文 annus）的缩写。

❷ “l. y.” 是光年（light year）的缩写。

笔记

所以，在S系中米尺的长度为

$$L = \frac{L_y}{\sin\alpha} = \frac{0.5}{\sin 45^\circ} = 0.707\text{m}$$

5-1-5 细胞在地球上每10s分裂一次，变为两个细胞。求飞船中的两个细胞从地球冲进太阳时变成多少个细胞。设飞船速率为0.85c，日地距离为1.5×10^{11}m。

解 如图5-1-2所示，地球系下，有

$$\Delta t = \frac{x}{u} = \frac{1.5\times10^{11}}{0.85\times3\times10^{8}} = \frac{1}{1.7}\times10^{3}\text{s}$$

飞船系下有

$$\Delta t' = \Delta t\sqrt{1-\frac{u^2}{c^2}} = 3.10\times10^{2}\text{s}$$

$$n = \frac{\Delta t'}{10} = 31$$

细胞的个数为

$$N = 2\times2^{n} = 4.3\times10^{9}$$

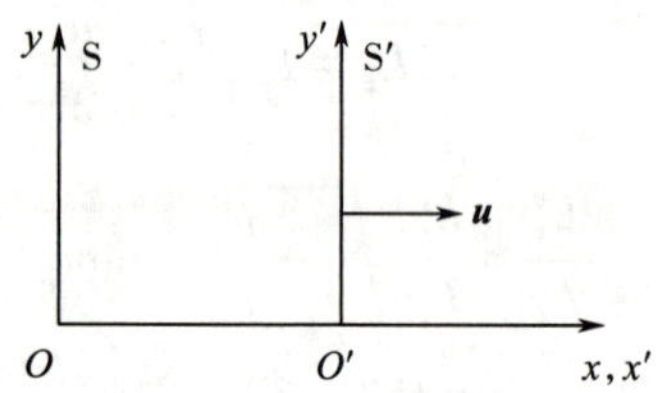

图5-1-2

5-1-6 仙女座星系距离地球2.2×10^{6}光年，宇航员测得乘飞船离开地球到达仙女座的时间是10年。试求：飞船以多大的速度飞行；这段时间地球上过了多少年？

解 如图5-1-3所示，在地球上测量宇航员从地球达到仙女座的时间为

$$\Delta t = \frac{\Delta t'}{\sqrt{1-\frac{u^2}{c^2}}}$$

且有

$$\Delta t = \frac{\Delta x}{u}$$

所以

笔记

$$\frac{\Delta x}{u} = \frac{\Delta t'}{\sqrt{1 - \frac{u^2}{c^2}}}$$

其中，$\Delta x = 2.2 \times 10^6$ l. y.，$\Delta t' = 10$a。代入得

$$u = 0.9999999999897c \approx c$$

$$\Delta t = 2.2000000000227 \times 10^6 \text{a} \approx 2.2 \times 10^6 \text{a}$$

即在地球系下，可以近似看成飞船以光速 c 飞行 2.2×10^6a。

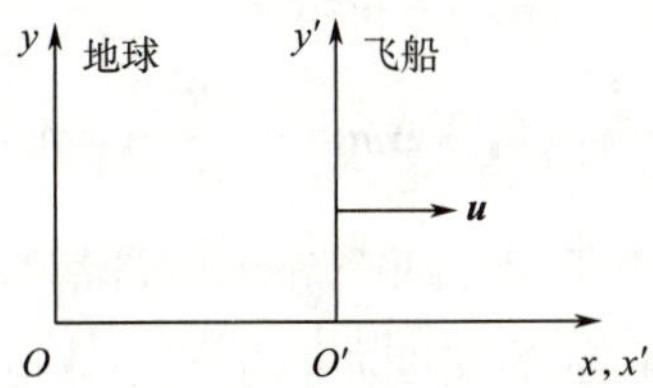

图 5-1-3

5-1-7 求将电子（静能 $m_0c^2 = 0.511$MeV）从静止加速至 $0.9c$ 时所需的能量？（用 MeV 表示）

解 $$A = mc^2 - m_0c^2 = \frac{m_0c^2}{\sqrt{1 - \frac{u^2}{c^2}}} - m_0c^2 = 0.661\text{MeV}$$

5-1-8 一静止电子受 1.5MV 的电势差加速。求其末速率是多少？

解 $$A = eU = \frac{m_0c^2}{\sqrt{1 - \frac{u^2}{c^2}}} - m_0c^2$$（电子的静能 $E_0 = 0.511$MeV）

$$u = c\sqrt{1 - \left(1 + \frac{eU}{m_0c^2}\right)^{-2}} = 0.97c$$

5-1-9 一个电子的总能量是它静能的 5 倍，问它的速率、动量、动能分别是多少？

解 $$E = mc^2 = \frac{E_0}{\sqrt{1 - \frac{u^2}{c^2}}}$$

据题意 $E = 5E_0$（电子的静能 $E_0 = 0.511$MeV），所以速率为

$$u = c\sqrt{1 - \left(\frac{E_0}{E}\right)^2} = \frac{2\sqrt{6}}{5}c = 0.980c$$

由能量动量关系，有

$$E^2 = E_0^2 + (cp)^2$$

笔记

则动量为

$$p=\frac{\sqrt{E^2-E_0^2}}{c}=1.34\times10^{-21}\mathrm{N\cdot s}$$

动能为

$$E_k=E-E_0=4E_0=2.04\mathrm{MeV}$$

5-1-10 太阳向四周辐射能量，已知太阳在距离其为 1.5×10^{11}m 的地球上辐射能为 $1.4\mathrm{kW/m^2}$，求由于这种辐射太阳每天要损失多少质量？

解 $E=\Delta mc^2=4\pi R^2P$

$$\Delta m=\frac{4\pi R^2P}{c^2}=4.4\times10^9\mathrm{kg}$$

5-1-11 如图 5-1-4 所示，两个静止质量都是 m_0 的小球，其中一个静止，另一个以 $0.8c$ 的速度向静止的小球运动，两小球碰撞后粘在一起。求碰后合成小球的静止质量是多少？

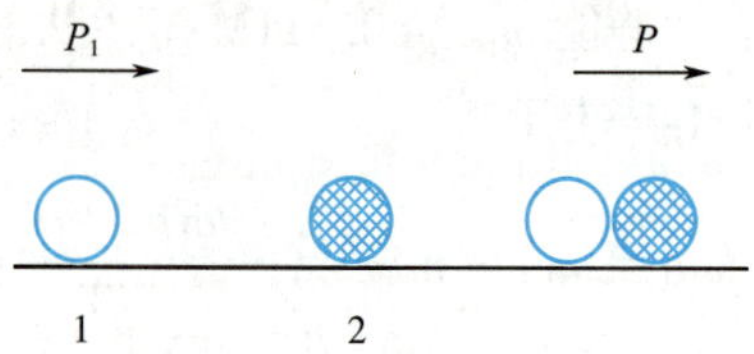

图 5-1-4

解 碰撞前后动量守恒、质量守恒，则

$$P_1=P$$

$$m_1+m_0=M$$

其中，$m_1=\dfrac{m_0}{\sqrt{1-\dfrac{u^2}{c^2}}}=\dfrac{5}{3}m_0$，$P_1=m_1v_1=\dfrac{4}{3}m_0c$。

又由能量动量关系，有

$$(Mc^2)^2=(M_0c^2)^2+(cP)^2$$

解得

$$\frac{48}{9}m_0^2=M_0^2$$

$$M_0=\frac{4\sqrt{3}}{3}m_0$$

笔记

【同步训练题】

（1）在惯性系 K 中，测某两件事发生在同一地点，时间间隔为 4s，在另外惯性系 K′中，测得这两件事发生的时间间隔为 6s。试求在惯性系 K′中，它们的空间间隔是多少？

（2）有一固有长度为 L_0 的棒，在 S 系中沿 x 轴放置。另存在一 S′系，以速度 $\boldsymbol{u}$ 相对 S 系沿 x 轴正方向运动。求当棒在 S 系中沿轴以速度 v 运动时，从 S′系中测得该棒的长度为多少？

（3）离地面 6000m 的高空大气层中，产生一介子以速度 $v=0.998c$ 飞向地球。假设介子在自身参照系中的平均寿命为 2×10^{-6}s，试问该介子是否能够到达地球。

（4）质点 A、B 质量均为 m_0，若二者以相同速率 v 相向运动，碰撞后合为一质量为 M_0 的粒子（假设无能量释放）。求 M_0 为多少？

（5）观察者 A 测得与他相对静止的 Oxy 平面上一个圆的面积是 12cm^2，另一观察者 B 相对于 A 以 $0.8c$（c 为真空中光速）平行于 Oxy 平面做匀速直线运动，B 测得这一图形为一椭圆，求其面积是多少？

（6）一艘宇宙飞船的船身固有长度为 $L_0=90$m，相对于地面以 $v=0.8c$（c 为真空中光速）的匀速度在地面观测站的上空飞过。求：Q1：观测站测得飞船的船身通过观测站的时间间隔是多少；Q2：宇航员测得船身通过观测站的时间间隔是多少？

（7）假定在实验室中测得静止在实验室中的 μ^+子（不稳定的粒子）的寿命为 2.2×10^{-6}s，而当它相对于实验室运动时实验室中测得它的寿命为 1.63×10^{-5}s。试问：Q1：这两个测量结果符合相对论的什么结论；Q2：μ^+子相对于实验室的速度是真空中光速 c 的多少倍？

（8）设有宇宙飞船 A 和 B，固有长度均为 $l_0=100$m，沿同一方向匀速飞行，飞船 B 上观测到飞船 A 的船头、船尾经过飞船 B 船头的时间间隔为 $\Delta t=(5/3)\times10^{-7}$s，求飞船 B 相对于飞船 A 速度的大小。

（9）求在什么速度下粒子的相对论动量是经典动量的 2 倍；在什么速度下粒子的动能等于其静止能量？

（10）火箭相对于地面以 $v=0.6c$（c 为真空中光速）的匀速度向上飞离地球。在火箭发射 $\Delta t'=10$s 后（火箭上的钟），该火箭向地面发射一导弹，其速度相对于地面为 $v_1=0.3c$，求火箭发射后多长时间（地球上的钟），导弹到达地球（计算中假设地面不动）。

【同步训练题答案】

（1）$\Delta x'=6\sqrt{5}\times10^8$m

笔记

(2) $L=L_0\sqrt{1-\frac{v'^2_x}{c^2}}=L_0\sqrt{1-\frac{(v-u)^2}{c^2\left(1-\frac{uv}{c^2}\right)^2}}$

(3) 该介子可以到达地球

(4) $M_0=2m_A=\frac{2m_0}{\sqrt{1-\left(\frac{v}{c}\right)^2}}$

(5) 7.2cm²

(6) Q1：2.25×10^{-7}s；Q2：3.75×10^{-7}s

(7) Q1：时间膨胀；Q2：0.99c

(8) 2.68×10^{8}m/s

(9) 0.886c，0.886c

(10) 37.5s

笔记

第2章 量子物理

【知识要点】

2.1 黑体辐射与普朗克能量子假设

2.1.1 黑体辐射

黑体：能吸收一切外来的电磁辐射，且没有反射，即光谱吸收比等于1，这样的物体称为黑体，黑体是一个理想模型。

斯特藩-玻耳兹曼定律：黑体的辐出度（总辐射出射度），即

$$M = \sigma T^4$$

式中，$\sigma = 5.670 \times 10^{-8} W \cdot m^{-2} \cdot K^{-4}$。

维恩位移定律：当黑体的热力学温度升高时，与单色辐出度的峰值相对应的波长向短波方向移动，即

$$\lambda_m T = b$$

式中，$b = 2.898 \times 10^{-3} m \cdot K$。

2.1.2 普朗克公式和普朗克量子假设

普朗克公式：黑体的辐出度（总辐射出射度），即

$$M_\nu(T) = \frac{2\pi h\nu^3}{c^2}\frac{1}{e^{h\nu/kT} - 1} \quad 或 \quad M_\lambda(T) = \frac{2\pi hc^2}{\lambda^5}\frac{1}{e^{h\nu/kT} - 1}$$

普朗克量子假设：谐振子可能具有的能量是不连续的，而只能取一些离散的值。以 ε 表示一个频率为 ν 的谐振子的能量，根据普朗克假设有

$$\varepsilon = nh\nu$$

式中，n 为正整数，称为量子数。当 $n = 1$ 时，能量 $\varepsilon = h\nu$ 称为能量子。

2.2 光电效应和爱因斯坦光量子理论

2.2.1 光电效应

光电效应：当光照射到金属表面上时，电子会从金属表面逸出，这种现象称为光电效应。

光电效应的红限频率： $\nu_0 = \dfrac{W}{h}$

笔记

2.2.2 爱因斯坦光量子理论

爱因斯坦光量子理论：光不仅在发生或吸收时具有粒子性，而且在空间传播时也具有粒子性。这种粒子性表现为光的能量在空间分布的不连续性。这些不连续的能量子称为光量子，1926 年被路易斯定名为光子。在真空中光子以 3×10^8m/s 速度运动，对于频率为 ν 的光辐射，光子的能量为 $\varepsilon = h\nu$

光电效应方程：
$$h\nu = \frac{1}{2}mv^2 + W$$

2.2.3 光的波粒二象性

光的波粒二象性：光既具有波动性，又具有粒子性

$$p = \frac{h}{\lambda},\quad \varepsilon = h\nu$$

2.3 康普顿效应

康普顿效应：在散射的 X 射线中，不仅有与原射线相同的波长成分，还有波长大于原射线波长的成分，人们把这一现象称为康普顿效应。

散射公式：
$$\Delta\lambda = \lambda - \lambda_0 = \frac{h}{m_0 c}(1-\cos\theta) = \frac{2h}{m_0 c}\sin^2\frac{\theta}{2}$$

康普顿波长：
$$\lambda_C = \frac{h}{m_0 c} = 2.43\times10^{-12}\,\text{m}$$

2.4 德布罗意波的统计解释和不确定关系

2.4.1 德布罗意波的统计解释

德布罗意波的统计解释：在某处德布罗意波的强度与粒子在该处邻近出现的概率成正比的德布罗意波是概率波。

2.4.2 不确定关系

位置动量不确定关系：
$$\Delta x\Delta p_x \geqslant \frac{\hbar}{2}$$

能量时间不确定关系：
$$\Delta E\Delta t \geqslant \frac{\hbar}{2}$$

2.5 氢原子光谱和玻尔理论

2.5.1 氢原子光谱

氢原子光谱的规律性：$\tilde{\nu} = R_{\mathrm{H}}\left(\frac{1}{m^2} - \frac{1}{n^2}\right) = T(m) - T(n)$，$n > m$

式中，R_{H} 为里德伯常量，$R_{\mathrm{H}} = 1.097373\times10^7\,\text{m}^{-1}$。

笔记

2.5.2 原子的经典模型

原子的核式模型：原子由原子核和电子构成，原子核集中了原子中的全部正电荷以及原子 99.95%的质量，电子在原子核周围运动，好像行星绕太阳转动一样。

2.5.3 玻尔的氢原子理论

玻尔的氢原子理论基于以下 3 条基本假设。

（1）原子中的电子只能在一些特定的圆轨道上运动而不会辐射电磁能量。这时，原子处于稳定状态，简称定态，并具有一定的能量。原子系统各个能量状态分别表示为 E_1，E_2，E_3，…。

（2）当电子从某一轨道向另一轨道跃迁，也就是原子从一个能量状态 E_n 向另一个能量状态 E_m 跃迁时，原子才会发射或吸收光子。光子的频率为

$$\nu = \frac{E_n - E_m}{h}$$

当 $E_n>E_m$ 时，原子发射光子；当 $E_n<E_m$ 时，原子吸收光子。

（3）电子在原子中的稳定轨道必须满足角动量 L 等于 $\frac{h}{2\pi}$ 的整数倍的条件，即

$$L = mvr = n\frac{h}{2\pi}$$

式中，m 为电子的质量；v 为电子速率；r 为轨道半径；h 为普朗克常量；n 称为主量子数，$n=1$，2，3，…。

玻尔理论的氢原子能级公式：

$$E_n = -\frac{me^4}{8\varepsilon_0^2h^2n^2} = \frac{E_1}{n^2}$$

式中，E_1 为氢原子的电离能，$E_1 = -13.6\text{eV}$。n 为主量子数，$n = 1$，2，3，…。玻尔理论的氢原子半径公式：

$$r_n = \frac{\varepsilon_0 h^2}{\pi me^2}n^2 = r_1 n^2,\ n = 1,\ 2,\ 3,\ \cdots$$

2.5.4 弗兰克-赫兹实验

1914 年，弗兰克（J. Franck）和赫兹（H. Hertz）用电子碰撞原子的方法使原子从低能级跃迁到高能级，从而证明原子内部能量的量子化，也就是原子能级间隔的存在。

2.6 粒子的波动性

德布罗意假设：实物粒子也具有波粒二象性。

笔记

$$\lambda = \frac{h}{p},\ \nu = \frac{E}{h}$$

【典型例题】

5-2-1 计算波长为450nm的蓝光的一个光子的能量

解

$$E = h\nu = \frac{hc}{\lambda} = 4.42\times10^{-19}\text{J} = 2.76\text{eV}$$

5-2-2 要打破人皮肤分子的化学键产生灼伤，光子的能量需要达到3.5eV，此能量对应的波长是多少？

解 由

$$E = \frac{hc}{\lambda}$$

解得

$$\lambda = \frac{hc}{E} = 355\text{nm}$$

5-2-3 金属钠的逸出功为2.3eV。能使钠产生光电效应的光波最大波长是多少？

解 由光电效应公式，即

$$E_k = \frac{hc}{\lambda} - W \geqslant 0$$

解得

$$\lambda \leqslant \frac{hc}{W} = 540\text{nm}$$

5-2-4 已知金属铜的逸出功为4.4eV，问用可见光照射金属铜表面，能否产生光电子？

解 由光电效应公式，即

$$E_k = \frac{hc}{\lambda} - W \geqslant 0$$

解得

$$\lambda \leqslant \frac{hc}{W} = 282\text{nm}$$

而可见光的波长范围是400~760nm，因此不能产生光电子。

5-2-5 一个光子的动量与一个以2.00×10^5m/s速度运动的电子的动量相同，求光子的波长（电子静止时质量为9.11×10^{-31}kg）

解 由物质波假设，得

笔记

$$\lambda = \frac{h}{P} = \frac{h}{mv} = 3.64\text{nm}$$

5-2-6 假定波长 3.64nm 的光子沿 x 正方向运动，与速率为 2×10^5m/s 沿 $-x$ 方向运动的电子正面发生完全弹性碰撞，求碰撞后两种粒子的运动方向和运动速度以及光子的波长。

解　碰撞前系统总动量为

$$\frac{h}{\lambda} - mv = 0$$

由动量守恒，得碰撞后系统总动量为

$$\frac{h}{\lambda'} - m'v' = \frac{h}{\lambda} - mv = 0$$

即两种粒子的运动方向相反，动量大小相同

由能量守恒定律，得

$$\frac{hc}{\lambda'} + m'c^2 = \frac{hc}{\lambda} + mc^2$$

将动量公式代入，得

$$m'(c + v') = m(c + v)$$

再由相对论公式，即

$$m = \frac{m_0}{\sqrt{1 - \frac{v^2}{c^2}}},\quad m' = \frac{m_0}{\sqrt{1 - \frac{v'^2}{c^2}}}$$

解得

$$v' = v$$

即电子速度、动量大小不变，再由动量守恒或能量守恒定律可知，光子的波长也不变。

5-2-7 一波长为 0.4nm 的光子与一静止电子碰撞后发生散射，传播方向与原来方向呈 150°。求碰撞后光子的频率和波长（电子静止时质量为 9.11×10^{-31}kg）。

解　由康普顿公式，有

$$\Delta\lambda = \frac{h}{m_0 c}(1 - \cos\theta) = 4.53\times10^{-3}\text{nm}$$

所以

$$\lambda' = \lambda + \Delta\lambda = 0.40453\text{nm}$$

$$\nu' = \frac{c}{\lambda'} = 7.42\times10^{17}\text{Hz}$$

笔记

5-2-8 当电子、质子和 0.2kg 的球分别以 2.0×10^5m/s 速率运动时，求它们对应的德布罗意波长。

解 由物质波假设，得

$$\lambda_e = \frac{h}{m_e v} = 3.64\text{nm}$$

$$\lambda_p = \frac{h}{m_p v} = 1.98\times10^{-3}\text{nm}$$

$$\lambda = \frac{h}{mv} = 1.66\times10^{-29}\text{nm}$$

5-2-9 一电量与电子电量相同的粒子，经 206V 电压加速后，测得其德布罗意波长为 2.0×10^{-3}nm，试求该粒子的质量。

解 由能量守恒定律和物质波假设

$$eU = \frac{1}{2}mv^2$$

$$\lambda = \frac{h}{mv}$$

解得

$$m = \frac{h^2}{2eU\lambda^2} = 1.67\times10^{-27}\text{kg}$$

【同步训练题】

(1) 已知一单色光照射在钠表面上，测得光电子的最大动能是 1.2eV，而钠的红限波长是 5400Å，那么入射光的波长是多少？

(2) 在均匀磁场 $\boldsymbol{B}$ 内放置一极薄的金属片，其红限波长为 λ_0。今用单色光照射，发现有电子放出，有些放出的电子（质量为 m，电荷的绝对值为 e）在垂直于磁场的平面内作半径为 R 的圆周运动，那么此照射光光子的能量是多少？

(3) 光子能量为 0.5MeV 的 X 射线，入射到某种物质上而发生康普顿散射。若反冲电子的能量为 0.1MeV，则散射光波长的改变量与入射光波长之比值为多少？

(4) 设康普顿效应中入射 X 射线的波长 $\lambda=0.070$nm，散射的 X 射线与入射的 X 射线垂直，求：Q1：反冲电子的动能 E_k；Q2：反冲电子运动的方向与入射的 X 射线之间的夹角 θ（普朗克常量 $h=6.63\times10^{-34}$J·s，电子质量 $e=1.60\times10^{-19}$C）。

(5) 用某频率的单色光照射基态氢原子气体，使气体只发射出 3 种频率的谱线，则原照射单色光的频率是多少？（普朗克常量 $h=6.63\times10^{-34}$J·s，基本电荷 $e=1.60\times10^{-19}$C）

笔记

（6）氢原子光谱中波长为 $\lambda=102.57\text{nm}$ 的谱线是在哪两个能级之间发生跃迁时产生的？（里德伯常量 $R_H=1.097373\times10^{7}\text{m}^{-1}$）

（7）假如电子运动速度与光速可以比拟，则当电子的动能等于它静止能量的 2 倍时，其德布罗意波长约为多少？（普朗克常量 $h=6.63\times10^{-34}\text{J}\cdot\text{s}$，电子质量 $m_e=9.11\times10^{-31}\text{kg}$）

（8）已知第一玻尔轨道半径 a，当氢原子中电子沿第 n 玻尔轨道运动时其相应的德布罗意波长是多少？

【同步训练题答案】

（1）$\lambda=355\text{nm}$

（2）$E=\dfrac{hc}{\lambda_0}+\dfrac{(eRB)^2}{2m}$

（3）$\dfrac{\Delta\lambda'}{\lambda}=0.25$

（4）Q1：$E_k=9.42\times10^{-17}\text{J}$；Q2：$\theta=44.0°$

（5）$\nu=2.92\times10^{15}\text{Hz}$

（6）3 能级到 1 能级

（7）$\lambda=8.58\times10^{-13}\text{m}$

（8）$\lambda=2\pi na$

笔记

第3章
薛定谔方程

【知识要点】

3.1 薛定谔方程

3.1.1 薛定谔方程的一般形式

薛定谔方程：

$$-\frac{\hbar^2}{2m}\nabla^2\Psi+V(r,\ t)\Psi=i\ \hbar\frac{\partial\Psi}{\partial t},\quad \hbar=\frac{h}{2\pi},\quad \Psi=\Psi(r,\ t)$$

3.1.2 一维定态（不含时）薛定谔方程

一维定态薛定谔方程：

$$\left[-\frac{\hbar^2}{2m}\frac{\mathrm{d}^2}{\mathrm{d}x^2}+V(x)\right]\Psi(x)=E\Psi(x)$$

3.2 一维无限深势阱中的粒子

一维无限深势阱中的粒子的波函数：

$$\Psi_n(x)=\sqrt{\frac{2}{a}}\sin\frac{n\pi}{a}x,\quad n=1,\ 2,\ 3,\ \cdots$$

一维无限深势阱中的粒子的能量：

$$E_n=\frac{h^2}{8ma^2}n^2,\quad n=1,\ 2,\ 3,\ \cdots$$

3.3 势垒穿透效应

势垒穿透效应：粒子的能量小于峰值，粒子仍有可能穿透势垒而到达势垒的另一侧。这一量子力学现象称为势垒穿透或隧道效应。

3.4 一维谐振子

一维谐振子的能量：

$$E_n=\left(n+\frac{1}{2}\right)\hbar\omega=\left(n+\frac{1}{2}\right)h\nu,\quad n=0,\ 1,\ 2,\ 3,\ \cdots$$

【典型例题】

笔记

5-3-1　波函数满足的自然条件是什么？如何理解波函数归一化的概念？

解　波函数满足的自然条件是单值、有限、连续；波函数的归一化代表了粒子在全空间出现的可能性为 1。

5-3-2　考虑阶跃势（图 5-3-1）

$$V(x)=\begin{cases}V_0, & x>0\\ V, & x<0\end{cases}$$

能量 $E>V_0$ 的粒子流从 $x=-\infty$ 向右运动。Q1：写出每个区域的定态解；Q2：用波函数描述没有反向粒子从 $x=+\infty$ 向左运动；Q3：应用衔接条件，用入射波振幅表示反射和透射波振幅。

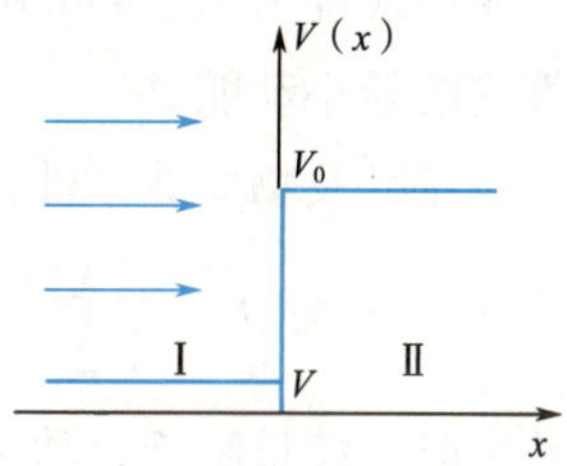

图 5-3-1

解　Q1：由定态薛定谔方程，即

$$\frac{d^2\Psi}{dx^2}=\frac{2m}{\hbar^2}(V-E)\Psi$$

可知，当 $V<E$ 时，方程的定态解为周期函数，即

$$\begin{cases}\Psi_1(x)=A_1e^{jk_1x}+B_1e^{-jk_1x}, & x<0\\ \Psi_2(x)=A_2e^{ik_2x}+B_2e^{-jk_2x}, & x>0\end{cases}$$

式中，$k_1^2=\dfrac{2m}{\hbar^2}(E-V)$，$k_2^2=\dfrac{2m}{\hbar^2}(E-V_0)$

Q2：由波函数，即

$$\Psi=\psi e^{-j\frac{E}{\hbar}t}$$

解得

$$\begin{cases}\Psi_1=A_1e^{-j\left(\frac{E}{\hbar}t-k_1x\right)}+B_1e^{-j\left(\frac{E}{\hbar}t+k_1x\right)}, & x<0\\ \Psi_2=A_2e^{-j\left(\frac{E}{\hbar}t-k_2x\right)}+B_2e^{-j\left(\frac{E}{\hbar}t+k_2x\right)}, & x>0\end{cases}$$

两式中第一项代表右行波，第二项代表左行波。只需令 $B_2=0$，

笔记

即可描述没有反向粒子从 $x=+\infty$ 向左运动的情况，即

$$\Psi_2 = A_2 e^{-j\left(\frac{E}{\hbar}t - k_2 x\right)}$$

另外，A_1、B_1、A_2 分别表示入射波、反射波、透射波的振幅。

Q3：当 $x=0$ 时，由连续条件，即

$$\Psi_1 = \Psi_2,\ \frac{d\Psi_1}{dx} = \frac{d\Psi_2}{dx}$$

解得

$$A_1 + B_1 = A_2$$

$$k_1 A_1 - k_1 B_1 = k_2 A_2$$

有

$$A_2 = \frac{2k_1}{k_1 + k_2} A_1,\ B_1 = \frac{k_1 - k_2}{k_1 + k_2} A_1$$

5-3-3 一个电子被禁闭在线度为 10^{-11}m 的区域中，这正是原子核线度的数量级，试估算它的最小动能。

解 由驻波条件及物质波条件，即

$$l_k = k\frac{\lambda}{2},\ P = \frac{h}{\lambda}$$

可知，当 k 越小时，波长越长，动量越小，动能也越小。

故当 k-1 时，两式联立得

$$P = \frac{h}{2l_1} = 3.315 \times 10^{-23}\text{kgm/s}$$

由于 $P \ll m_0 c$，故可以用非相对论的能量动量关系，即

$$E_k = \frac{P^2}{2m_0} = 6.03 \times 10^{-16}\text{J} = 3.75 \times 10^3\text{cV}$$

若考虑相对论效应，由相对论能量动量关系和动能表达式，即

$$P^2c^2 + m_0^2c^4 = m^2c^4$$

$$E_k = mc^2 - m_0c^2$$

解得

$$E_k = \frac{P^2}{m + m_0} = \frac{P^2}{m_0\left(1 + \sqrt{1 + \frac{P^2}{m_0^2c^2}}\right)} = 6.01 \times 10^{-16}\text{J} = 3.74 \times 10^3\text{eV}$$

5-3-4 一个电子被束缚在宽度为 10^{-10}m 的有限矩形势阱中，阱深为何值时，该电子存在两个束缚态。

解 Q1：由定态薛定谔方程，有

$$\frac{d^2\Psi}{dx^2} = \frac{2m}{\hbar^2}(V - E)\Psi$$

笔记

可知，当 $0<x<a$ 时，$V=0$，有

$$\Psi_2(x) = A\sin(kx + \varphi)$$

其中

$$k^2 = \frac{2m}{\hbar^2}E$$

当 $x < 0$ 或 $x > a$ 时，$V > E$，有

$$\Psi(x) = Be^{\lambda x} + Ce^{-\lambda(x-a)}$$

其中

$$\lambda^2 = \frac{2m}{\hbar^2}(V - E)$$

由波函数有限性可知

$$\begin{cases} \Psi_1(x) = Be^{\lambda x}, & x < 0 \\ \Psi_3(x) = Ce^{-\lambda(x-a)}, & x > a \end{cases}$$

Q2：由连续性条件，有

$$\begin{cases} \Psi_1 = \Psi_2, \quad \dfrac{d\Psi_1}{dx} = \dfrac{d\Psi_2}{dx}, & x = 0 \\ \Psi_2 = \Psi_3, \quad \dfrac{d\Psi_2}{dx} = \dfrac{d\Psi_3}{dx}, & x = a \end{cases}$$

解得

$$B = A\sin\varphi, \quad \lambda B = kA\cos\varphi$$

$$C = A\sin(ka + \varphi), \quad \lambda C = kA\cos(ka + \varphi)$$

联立得

$$\tan\varphi = \tan(ka + \varphi)$$

即有

$$ka = n\pi$$

其中，n 为正整数。

Q3：由上面分析得到

$$k^2 = \frac{2m}{\hbar^2}E$$

由 $V > E$ 可得

$$V > E_n = n^2\frac{\pi^2\hbar^2}{2ma^2} = n^2\frac{h^2}{8ma^2}$$

若使该电子存在两个束缚态，则

$$2^2\frac{h^2}{8ma^2} < V < 3^2\frac{h^2}{8ma^2}$$

笔记

即有

$$2.41\times10^{-17}\text{J} < V < 5.43\times10^{-17}\text{J} \quad 或 \quad 151\text{eV} < V < 389\text{eV}$$

【同步训练题】

(1) 粒子在无限深势阱中运动，其波函数为：

$$\Psi(x)=\sqrt{\frac{2}{a}}\sin\frac{\pi x}{a},\ 0\leqslant x\leqslant a$$

求发现粒子的概率最大的位置是在哪？

(2) 粒子在一维矩形无限深势阱中运动，其波函数为：

$$\Psi_n(x)=\sqrt{\frac{2}{a}}\sin\frac{n\pi x}{a},\ 0<x<a$$

若粒子处于 $n=1$ 的状态，它在 $0\sim\frac{a}{4}$ 区间内的概率是多少$\left(提示：\int\sin^2x\mathrm{d}x=\frac{1}{2}x-\frac{1}{4}\sin2x+C\right)$

(3) 一维无限深势阱中的粒子，其波函数在边界处为零，这种定态物质波相当于两端固定的弦中的驻波，因而势阱的宽度 a 必须等于德布罗意波半波长的整数倍。试利用这一条件求出能量量子化公式：

$$E_n=\frac{h^2}{8ma^2}n^2$$

(4) 一粒子被限制在相距为 l 的两个不可穿透的壁之间，如图 5-3-2 所示。描写粒子状态的波函数为 $\Psi=cx(l-x)$，其中，c 为待定常量。求在 $0\sim\frac{1}{3}l$ 区间内发现该粒子的概率。

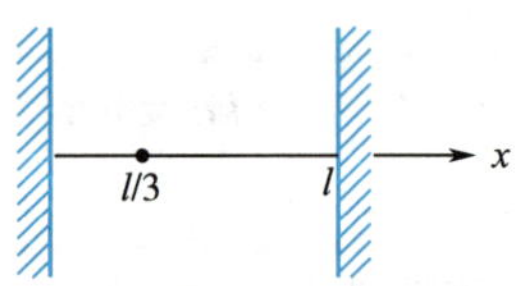

图 5-3-2

【同步训练题答案】

(1) $x=\frac{1}{2}a$

(2) $P=0.091$

(3) 略

(4) $\frac{17}{81}$

第4章

原子中的电子

笔记

【知识要点】

4.1 氢原子

4.1.1 氢原子的薛定谔方程

$$\frac{1}{r^2}\frac{\partial}{\partial r}\left(r^2\frac{\partial\Psi}{\partial r}\right)+\frac{1}{r^2\sin\theta}\frac{\partial}{\partial\theta}\left(\sin\theta\frac{\partial\Psi}{\partial\theta}\right)+\frac{1}{r^2\sin^2\theta}\frac{\partial^2\Psi}{\partial\varphi^2}+\frac{2m}{\hbar^2}\left(E+\frac{e^2}{4\pi\varepsilon_0 r}\right)\Psi=0$$

4.1.2 3个量子数和角动量量子化

氢原子能量：

$$E_n=-\frac{me^4}{32\pi^2\varepsilon_0^2\hbar^2}\cdot\frac{1}{n^2}=\frac{E_1}{n^2},\ n=1,\ 2,\ 3,\ \cdots,\ n\text{ 为主量子数}$$

氢原子中电子的角动量：

$$L=\sqrt{l(l+1)}\,\frac{h}{2\pi},\ l=0,\ 1,\ 2,\ \cdots,\ (n-1),\ l\text{ 为角量子数}$$

角动量在某特定方向上的分量：

$$L_z=m_l\frac{h}{2\pi},\ m_l=0,\ \pm1,\ \pm2,\ \cdots,\ \pm l,\ m_l\text{ 为磁量子数}$$

4.1.3 氢原子中电子的概率分布

氢原子的波函数：$\Psi(r,\ \theta,\ \varphi)=R(r)\Theta(\theta)\Phi(\varphi)$

原子内电子的运动不能用轨道描述，只能用波函数给出的概率密度描述，形象化地用电子云图来描述。

4.2 电子自旋和角动量的耦合

4.2.1 电子的轨道磁矩

电子的运动磁矩：$\mu=-\frac{e}{2m}L$

4.2.2 电子的自旋

电子自旋角动量：

$$S=\sqrt{s(s+1)}\,\hbar=\sqrt{\frac{3}{4}}\,\hbar,\ s=\frac{1}{2}$$

笔记

自旋角动量在某方向（外磁场沿 z 轴方向）的投影为

$$S_z = m_s\hbar,\ m_s = \pm 1/2,\ m_s \text{ 称为自旋磁量子数}$$

4.2.3 电子角动量的耦合

自旋轨道耦合： $J = \sqrt{j(j+1)}\ \hbar$

4.3 原子的壳层结构

泡利不相容原理：原子系统内的电子状态由 n、l、m_l、m_s 4 个量子数确定，并且指出，在一个原子中不可能有两个或两个以上的电子处于相同的状态，即两个电子不可能具有相同的 4 个量子数。

能量最低原理：在原子处于正常状态下，每个电子趋于占据最低的能级。

4.4 激光

4.4.1 光的吸收和辐射

受激吸收：如果原子受到光照，且光子的能量 $h\nu$ 正好等于两个能级之差 ΔE 时，这个光子将被原子吸收，处于基态的电子将获得能量而跃迁到激发态能级，这一过程称为受激吸收。

自发辐射：处于激发态的原子很不稳定，很快就会自发地回落到基态，与此同时放出一个能量为 $h\nu = E_2 - E_1$ 的光子，这一过程称为自发辐射。

受激辐射：处于激发态的原子，如果在它发生自发辐射之前受到一个外来光子的作用，且光子的能量 $h\nu$ 正好等于两能级之差 $\Delta E = E_2 - E_1$，则原子会从原来的较高能级向低能级跃迁，同时，辐射出一个与外来光子同频率、同相位、同方向、同偏振态的光子，这一过程称为受激辐射。

4.4.2 粒子数反转

粒子数反转：在通常情况下，原子体系总是处于热平衡状态，原子数按能态的分布符合玻尔兹曼分布定律，大部分原子都处于基态，而在激发态上的原子数量很少，因此，受激吸收较自发辐射总是占有主导地位。要使受激辐射胜过受激吸收从而实现光放大，就必须实现高能态的原子数 N_2 多于低能态的原子数 N_1，这种非平衡态的原子数分布称为粒子数反转。

4.4.3 光学谐振腔

光学谐振腔：用来产生和维持光振荡并能选择光束的方向和频率的装置。

4.4.4 激光的特性

激光具有以下的特性：方向性好；单色性好；能量集中；相干性好。

笔记

【典型例题】

5-4-1　已知氢原子处于 $n=1$，$l=0$，$m_l=0$ 态，求电子半径 r 小于玻尔半径的概率。

解　对于基态，$n=1$，$l=0$，$m_l=0$，电子的概率密度分布为

$$|\Psi_{1,0,0}|^2=\frac{1}{\pi a_0^3}e^{-\frac{2r}{a_0}}$$

电子半径 r 小于玻尔半径的概率为

$$P=\int_0^{a_0}|\Psi_{1,0,0}|^2 4\pi r^2 dr=\int_0^{a_0}\frac{1}{a_0^3}e^{-\frac{2r}{a_0}}4r^2 dr$$

令 $x=\frac{r}{a_0}$，则

$$P=\int_0^1 4x^2e^{-2x}dx$$

经两次分部积分得

$$P=1-\frac{5}{e^2}=32.3\%$$

5-4-2　确定氢原子莱曼系的最短波长和最长波长？

解　莱曼系满足

$$h\nu=-E_1\left(\frac{1}{1^2}-\frac{1}{n^2}\right)$$

式中，$E_1=-13.6\text{eV}$，为基态能级。

因此

$$\lambda=\frac{hc}{-E_1\left(\frac{1}{1^2}-\frac{1}{n^2}\right)}$$

当 n 取 2 时，最长波长为

$$\lambda_M=121.7\text{nm}$$

当 n 取无穷时，最长波长为

$$\lambda_m=91.3\text{nm}$$

5-4-3　在氢原子中可以粗略地认为电子围绕质子沿半径为 r 的圆形轨道运动，求出它的磁矩。

解　磁矩为

$$\mu=IS=\frac{ev}{2\pi r}\pi r^2=\frac{evr}{2}$$

由于角动量是量子化，即

笔记

$$L = m_e vr = n\hbar$$

因此

$$\mu = n\frac{e\hbar}{2m_e} = n\mu_B$$

式中，μ_B 为玻尔磁子。可见，电子轨道磁矩也是量子化的。

5-4-4 当一束自由电子沿 0.8T 的均匀磁场的垂直方向运动时，确定自旋与磁场平行和反平行的电子之间的能量差值？

解 磁矩在磁场中的能量为

$$E_s = -\boldsymbol{\mu}_s \cdot \boldsymbol{B} = -\mu_{s,z}B$$

自旋与磁场平行和反平行的电子之间的能量差值为

$$\Delta E = 2\mu_{s,z}B = 2\mu_B B = 1.484\times10^{-23}\text{J} = 9.26\times10^{-4}\text{eV}$$

5-4-5 求出可以占据 f 子壳层的最大电子数，并且给出相应电子 m_l 和 m_s 的数值？

解 f 子壳代表 l 取 3，此时 m_l 的可能取值为 0、±1、±2、±3（7 个），而 m_s 可能取值始终为 $\pm\frac{1}{2}$（2 个），因此，可以占据 f 子壳层的最大电子数为 7×2=14（个）。

【同步训练题】

（1）已知氢原子的径向波函数 $R(r)=(4r_1^{-3})^{\frac{1}{2}}e^{-\frac{r}{r_1}}$，式中，$r$ 为玻尔第一轨道半径。求电子处于玻尔第二轨道半径和玻尔第一轨道半径的概率密度比值是多少？

（2）在描述原子内电子状态的量子数 n、l、m_l 中，求：Q1：当 $n=5$ 时，l 的可能值是多少；Q2：当 $l=5$ 时，m_l 的可能值为多少；Q3：当 $l=4$ 时，n 的最小可能值是多少；Q4：当 $n=3$ 时，电子可能状态为多少？

（3）氢原子中的电子处于 $n=4$，$l=3$ 的状态，求：Q1：该电子角动量 L 的值为多少；Q2：该角动量 L 在 z 轴的分量有哪些可能的值；Q3：角动量 L 在 z 轴的夹角的可能值为多少？

（4）电子的自旋量子数 m_s 可能取值为多少？

【同步训练题答案】

（1）$\frac{p_2}{p_1} = 3.97\times10^{-2}$

（2）Q1：$n=5$ 时，可能的值为 5 个，即 $l=0$，1，2，3，4；

Q2：$l=5$ 时，m_l 可能的值为 11 个，即 $m_l=0$，±1，±2，±3，±4，±5；

笔记

Q3：$l=4$ 时，因为 l 的最大可能值为（$n-1$），所以 n 的最小可能值为 5；

Q4：$n=3$ 时，电子的可能状态数为 $2n^2=18$

（3）Q1：$L=\sqrt{l(l+1)}\dfrac{h}{2\pi}=\sqrt{12}\dfrac{h}{2\pi}$；

Q2：L_z 的可能取值为 0、$\pm\dfrac{h}{2\pi}$、$\pm\dfrac{2h}{2\pi}$、$\pm\dfrac{3h}{2\pi}$；

Q3：角动量 L 与 z 轴夹角 θ 分别为 30°、55°、73°、90°、107°、125°、150°

（4）$m_s=\pm\dfrac{1}{2}$

参考文献

[1] 哈里德，瑞斯尼克．物理学基础［M］．张三慧，李椿，译．北京：机械工业出版社．2005.

[2] 弗恩曼，莱顿，桑兹．费恩曼物理学讲义［M］．郑水令，华宏鸣，吴子仪，译．上海：上海科学技术出质社，2006.

[3] 基特尔．伯克利物理学教程［M］．北京：科学出版社，1979.

[4] 哈尔彭．3000 物理习题精解［M］．解希顺，张勇，朱艳梅，译．北京：科学出版社．2002.

[5] 程守洙，江之永．普通物理学［M］.5 版．北京：高等教育出版社，1998.

[6] 马文蔚．物理学［M］.4 版．北京：高等教育出版社，1999.

[7] 张三慧．大学物理学［M］.2 版．北京：清华大学出版社，1999.

[8] 向义和．大学物理导论——物理学的理论与方法，历史与前沿［M］．北京：清华大学出版社．1999.

[9] 赵凯华，罗蔚茵．新概念物理教程［M］．北京：高等教育出版社．1998.

[10] 麻文军，姜海丽，孙秋华．简明大学物理教程［M］．哈尔滨：哈尔滨工程大学出版社．2008.

[11] 王楚，李椿．基础物理教程［M］．北京：北京大学出版社，1999.

[12] 范中和，徐军，大学物理［M］．西安：西北大学出版社，2005.

[13] 林铁生．大学物理教程［M1. 北京：中国铁道出版社，1998.

[14] 毛骏健，顾牡．大学物理学［M］．北京：高等教育出版社，2006.

[15] 王锡祉，杨松林．大学物理［M］．大连：大连理工大学出版社，1989.

[16] 周勇志．大学物理［M］．广州：华南理工大学出版社，1999.

[17] 赵凯华，陈熙谋．电磁学［M］．北京：高等教育出版社，2003.

[18] HEWITT PG. Conceptual Physics［M］．北京：清华大学出版社，2008.

[19] 霍布森．物理学：基本概念及其与方方面面的联系［M］．上海：上海科学技术出版社．2001.

[20] 王发伯，赵仲罴，黄宁庆，等．普通物理典型题解［M］．长沙：湖南科技出版社，1981.

[21] 褚圣．原子物理学［M］．北京：高等教育出版社，1979.
[22] 杨福家．原子物理学［M］．北京：高等教育出版社，2000.
[23] 赵凯华，钟锡华．光学［M］．北京：北京大学出版社，2001.
[24] 母国光，战元令．光学［M］．北京：人民教育出版社，1979.
[25] 玻恩，活尔夫．光学原理［M］．杨葭荪，译．北京：科学出版社，1980.
[26] 梁铨廷．物理光学［M］．北京：机械工业出版社，1987.
[27] 郁道银．工程光学［M］．北京：机械工业出版社，2001.
[28] 张三慧．大学物理学［M］．3 版（B 版）．北京：清华大学出版社，2009.
[29] 刘艳磊，张建中．大学物理教程［M］．北京：国防工业出版社，2010.
[30] 黄淑清．热学教程［M］．2 版．北京：高等教育出版社，1994.

附录

大学物理练习题

振动与波

笔记

班级______________ 学号______________ 姓名______________

（1）一沿 x 轴作简谐振动的物体，已知其振幅为 A，频率为 ν，在 $t=0$ 时，振动物体的位移 $x=\frac{A}{\sqrt{2}}$，且向 x 轴正方向运动。试求初相并写出振动方程。如果在 $t=0$ 时，振动物体的位移 $x=\frac{A}{\sqrt{2}}$，且向 x 轴负方向运动。试求初相并写出振动方程。

（2）一运动物体的位移与时间的关系为 $x=0.06\cos\left(2\pi t-\frac{\pi}{4}\right)$ m，试求：Q1：振幅、周期、频率、角频率和初相；Q2：$t=2.5\text{s}$ 时物体的位移、速度和加速度。

振动与波

笔记

班级________　学号________　姓名________

（3）有一质量为 0.01kg 的物体沿 x 轴作简谐振动，其振幅为 0.08m，周期为 4s，$t=0$ 时，物体在 $x=0.04\text{m}$ 处，且向 x 轴负方向运动。试求：Q1：$t=1\text{s}$ 时，物体的位移和所受的力；Q2：由起始位置运动到 $x=-0.04\text{m}$ 处所需的最短时间。

（4）在竖直悬挂的轻弹簧下端系一质量为 100g 的物体，当物体处于平衡状态时，再对物体加一拉力使弹簧伸长，然后从静止状态将物体释放。已知物体在 32s 内完成 48 次振动，振幅为 5cm，求：Q1：上述的外加拉力是多大？Q2：当物体在平衡位置以下 1cm 处时，此振动系统的动能和势能各是多少？

振动与波

笔记

班级______________　学号______________　姓名______________

（5）如图 1 所示，一物体质量 $m=2\text{kg}$，受到的作用力 $F=-8x$（SI）。若该物体偏离坐标原点 O 的最大位移 $A=0.10\text{m}$，则物体动能的最大值为多少？

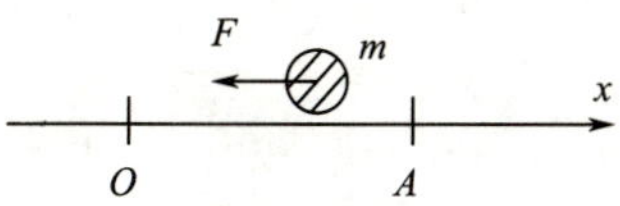

图 1

（6）在一竖直轻弹簧下端悬挂质量 $m=5\text{g}$ 的小球，弹簧伸长 $\Delta l=1\text{cm}$ 而平衡。小球经推动后，在竖直方向作振幅为 $A=4\text{cm}$ 的振动，求：Q1：小球的振动周期；Q2：振动能量。

振动与波

笔记

班级______________　　学号______________　　姓名______________

（7）两个同方向的简谐振动的振动方程分别为：

$$x_1=4\times10^{-2}\cos2\pi\left(t+\frac{1}{8}\right)\text{(SI)},\quad x_2=3\times10^{-2}\cos2\pi\left(t+\frac{1}{4}\right)\text{(SI)}$$

求：Q1：合振动的振幅和初相；Q2：若另有一同方向、同频率的简谐振动 $x_3=5\times10^{-2}\cos(2\pi t+\varphi)$(SI)，则 φ 为多少时，x_1+x_3 的振幅最大？φ 又为多少时，x_2+x_3 的振幅最小？

（8）两个同方向、同频率的简谐振动分别为：

$$x_1=0.05\cos\left(4\pi t+\frac{3\pi}{4}\right)\text{ m 和 }x_2=0.06\cos\left(4\pi t+\frac{\pi}{4}\right)\text{ m}$$

求合振动的振幅和初相。

振动与波

笔记

班级________　　学号________　　姓名________

（9）一质点同时参与两个同方向的简谐振动，其振动方程分别为：

$$x_1 = 5\times10^{-2}\cos\left(4t+\frac{1}{3}\pi\right)\ \text{SI 和 } x_2 = 3\times10^{-2}\sin\left(4t-\frac{1}{6}\pi\right)\ \text{SI}$$

画出两振动的旋转矢量图，并求合振动的振动方程。

（10）一平面简谐波以波速 $u=0.5\text{m/s}$ 沿 x 轴负方向传播，$t=2\text{s}$ 时的波形如图 2 所示，求该平面简谐波的波函数。

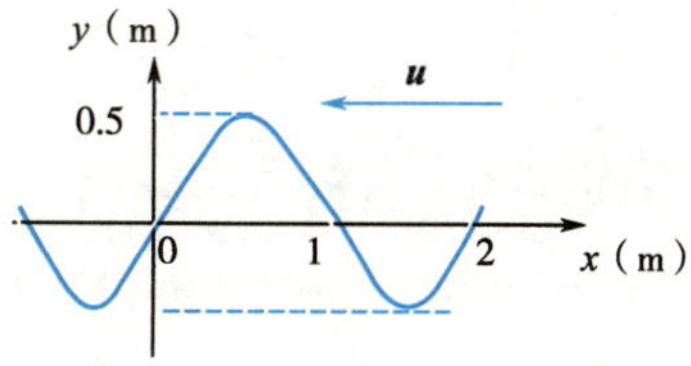

图 2

振动与波

笔记

班级______________　　学号______________　　姓名______________

（11）平面简谐波的振幅 $A=0.02\text{m}$，频率 $\nu=100\text{Hz}$，波速 $u=200\text{m}\cdot\text{s}^{-1}$，$t=0$ 时，波源处的质点经平衡位置向正方向运动。试求：Q1：波函数；Q2：距波源 4.0m 处质点的振动方程；Q3：距波源 3.5m 处与 6.5m 处两质点振动的相位差。

（12）已知波源的振动方程为 $y=0.50\cos\left(100\pi t+\dfrac{\pi}{3}\right)$ m，波源激发的波在介质中无衰减地传播，波长为 4.0m。试求：Q1：波速；Q2：波函数的表达式；Q3：$t=2.0\text{s}$ 时，距波源一个波长处，质点振动的位移和速度。

振动与波

笔记

班级________ 学号________ 姓名________

（13）一平面简谐波沿 x 轴正向传播，波的振幅 $A=10\text{cm}$，波的角频率 $\omega=7\pi\text{rad/s}$。当 $t=1.0\text{s}$ 时，$x=10\text{cm}$ 处的 a 质点正通过其平衡位置向 y 轴负方向运动，而 $x=20\text{cm}$ 处的 b 质点正通过 $y=5.0\text{cm}$ 点向 y 轴正方向运动。设该波的波长 $\lambda>10\text{cm}$，求该平面简谐波的表达式。

（14）图 3 为一平面简谐波在 $t=0$ 时的波形图，求：Q1：该波的波动表达式；Q2：P 处质点的振动方程。

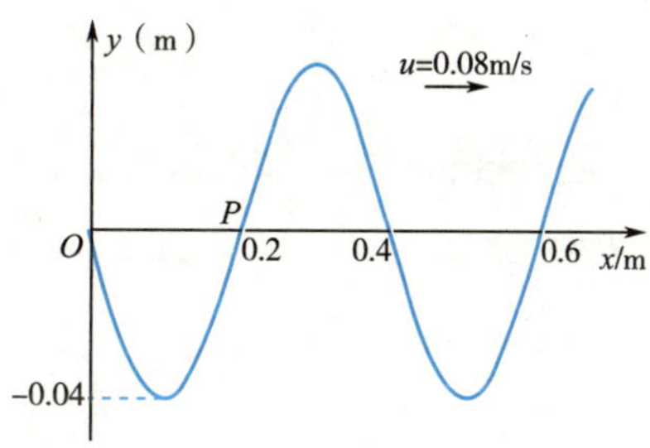

图 3

振动与波

笔记

班级______________ 学号______________ 姓名______________

（15）一横波沿绳子传播，其波的表达式为

$$y = 0.05\cos(100\pi t - 2\pi x)\,(\mathrm{SI})$$

求：Q1：求此波的振幅、波速、频率和波长；Q2：求绳子上各质点的最大振动速度和最大振动加速度；Q3：求 $x_1 = 0.2\mathrm{m}$ 处和 $x_2 = 0.7\mathrm{m}$ 处两质点振动的位相差。

（16）平面简谐波沿 x 轴正方向传播，振幅为 2cm，频率为 50Hz，波速为 200m/s。在 $t=0$ 时，$x=0$ 处的质点正在平衡位置向 y 轴正方向运动，求 $x=4\mathrm{m}$ 处媒质质点振动的表达式及该点在 $t=2\mathrm{s}$ 时的振动速度。

振动与波

笔记

班级______________　　学号______________　　姓名______________

（17）设平面简谐波的振幅 $A=1.0\times10^{-4}$m，波速 $u=1.0\times10^{3}\text{m}\cdot\text{s}^{-1}$，频率 $\nu=1.0\times10^{3}$Hz，传播波的介质密度 $\rho=8\times10^{2}\text{kg}\cdot\text{m}^{-3}$。试求：Q1：波的平均能量密度；Q2：波的强度；Q3：1min 内通过与波的传播方向垂直，面积为 $4.0\times10^{-4}\text{m}^2$ 的截面中的平均能量。

（18）如图 4 所示，P 与 Q 两相干波源的初相差为 π，它们在相同介质中传播，波长均为 λ，P 与 Q 之间的距离为 1.5λ，R 为 P 与 Q 连线上 Q 点外侧的任意一点，P、Q 两波源在 R 点引起振动的振幅均为 A。求 P、Q 两波源发出的波到达 R 点时的相差和 R 点的合振幅。若 P 与 Q 之间的距离为 2λ 时，两相干波在相遇点 R 的相差和合振幅又是多少？

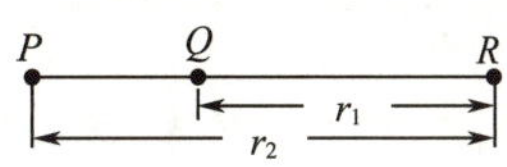

图 4

振动与波

笔记

班级______________　　学号______________　　姓名______________

（19）一驻波中相邻两波节的距离为 $d=5.00\text{cm}$，质元的振动频率为 $1.00\times10^3\text{Hz}$，求形成该驻波的两个相干行波的传播速度和波长。

（20）设入射波的表达式为 $y_1=A\cos 2\pi\left(\dfrac{x}{\lambda}+\dfrac{t}{T}\right)$，在 $x=0$ 处发生反射，反射点为固定端。假设反射时无能量损失，求：Q1：反射波的表达式；Q2：合成的驻波的表达式；Q3：波腹和波节的位置。

静电学

笔记

班级______________　　　学号______________　　　姓名______________

(1) 3 个电荷量相同的正电荷 Q 放在等边三角形的 3 个顶点上，如图 1 所示，在三角形的中心应放置多大的电荷，才能使作用于每一个电荷上的合力为零？

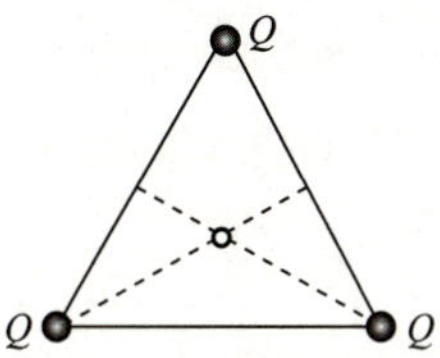

图 1

(2) 如图 2 所示，在边长为 a 的正方形的四角，依次放置点电荷 q、$2q$、$-4q$ 和 $2q$，它的正中放着一个单位正电荷，求这个电荷受力的大小和方向。

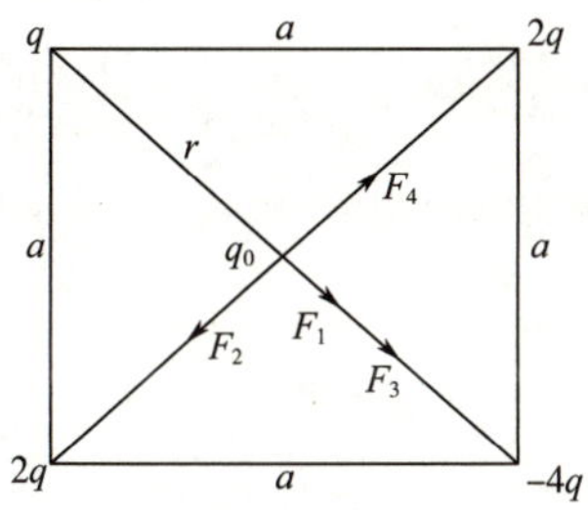

图 2

静电学

笔记

班级______________　　学号______________　　姓名______________

（3）如图 3 所示，在直角坐标系 $Oxyz$ 的 Oxy 平面内，有与 y 轴平行、位于 $x=a/2$ 和 $x=-a/2$ 处的两条“无限长”平行的均匀带电直线，电荷线密度分别为 λ 和 $-\lambda$。求 Oz 轴上任一点的电场强度。

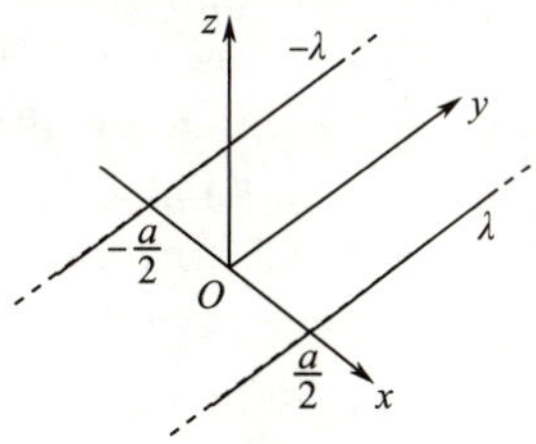

图 3

（4）在坐标原点放一正电荷 Q，它在 P 点（$x=+1$，$y=0$）产生的电场强度大小为 E。现在，另外有一个负电荷 $-2Q$，试问应将它放在什么位置才能使 P 点的电场强度等于零。

静电学

笔记

班级________________　　学号________________　　姓名________________

（5）如图 4 所示，两根平行长直线间距为 $2a$，一端用半圆形线连起来。全线上均匀带电。试证明在圆心 O 处的电场强度为零。

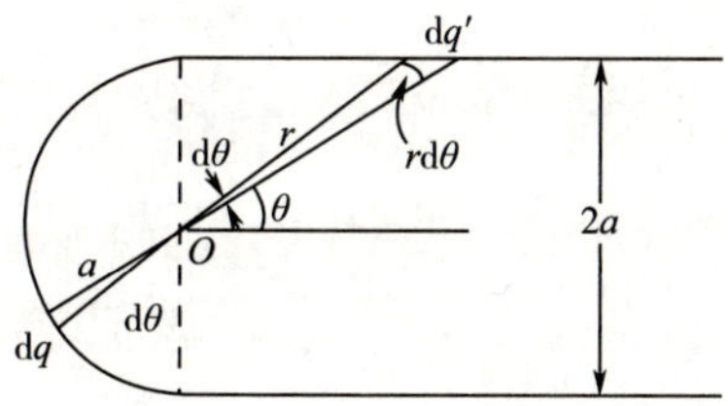

图 4

（6）如图 5 所示，把一块原来不带电的金属板 B 移动靠近一块已带有正电荷 Q 的金属板 A，平行放置。设两板面积都是 S，板间距离是 d，忽略边缘效应。求当 B 板不接地时，两板间电势差 U_{AB}；B 板接地时两板间电势差 U'_{AB}。

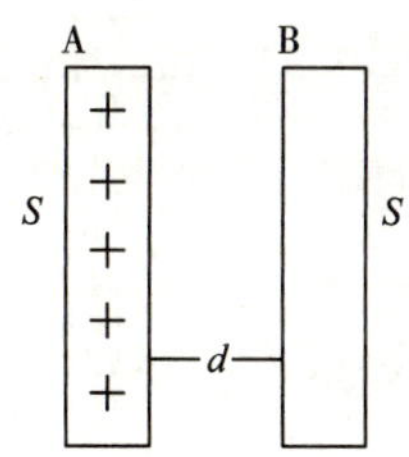

图 5

静电学

笔记

班级______________　　学号______________　　姓名______________

（7）一个绝缘细棒均匀带电，其电荷线密度为 λ，细棒被弯成半径为 a 的半圆环和长度为 a 的两直线段，如图 6 所示，求环心 O 处的电场强度和电势。

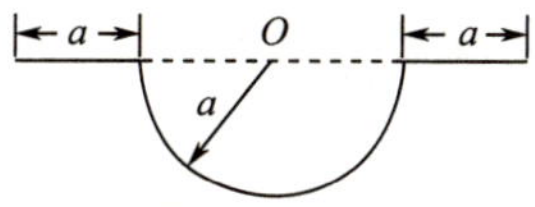

图 6

（8）两个同心球面，半径分别为 10cm 和 30cm，小球均匀带有正电荷 1×10^{-8}C，大球均匀带有正电荷 1.5×10^{-8}C。求离球心分别为 20cm、50cm 的两点的电势。

静电学

笔记

班级______________　　　学号______________　　　姓名______________

(9) 两个同心的均匀带电球面，半径分别为 $R_1=5.0\text{cm}$，$R_2=20.0\text{cm}$，已知内球面的电势 $V_1=60\text{V}$，外球面的电势 $V_2=-30\text{V}$。求：Q1：内、外球面上所带电量；Q2：在两个球面之间何处的电势为零？

(10) 在一半径为 $R_1=6.0\text{cm}$ 的金属球 A 外面套有一个同心的金属球壳 B。已知球壳 B 的内、外半径分别为 $R_2=8.0\text{cm}$，$R_3=10.0\text{cm}$。设 A 球带有总电量 $Q_A=3\times10^{-8}\text{C}$，球壳 B 带有总电量 $Q_B=2\times10^{-8}\text{C}$。求：Q1：求球壳 B 内、外表面上各带有的电量以及球 A 和球壳 B 的电势；Q2：将球壳 B 接地然后断开，再把金属球 A 接地。求金属球 A 和球壳 B 内、外表面上各带有的电量以及球 A 和球壳 B 的电势。

静电学

笔记

班级______________　　学号______________　　姓名______________

（11）一球形导体 A 含有两个球形空腔，该导体本身的总电荷为零，但在两空腔中心分别有一点电荷 q_b 和 q_c，导体球外距导体球很远的 r 处有另一点电荷 q_d（图 7）。试求：q_b、q_c 和 q_d 各受到多大的力。

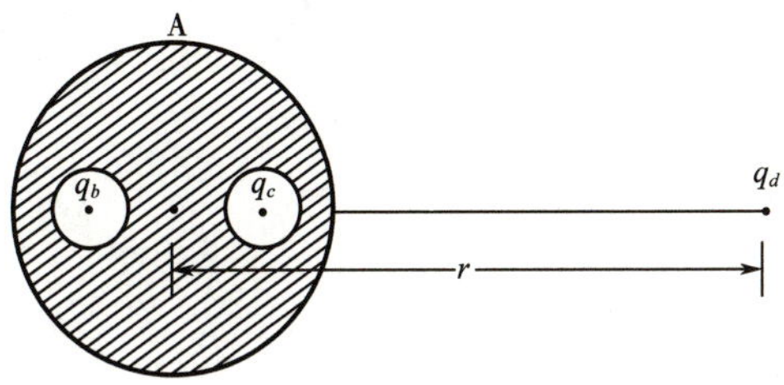

图 7

（12）一个电容器由两块长方形金属平板组成（图 8），两板的长度为 a，宽度为 b，两宽边相互平行，两长边的一端相距为 d，另一端略微抬起一段距离，长度为 $\frac{c}{a}l(l \ll d)$。板间为真空。求此电容器的电容。

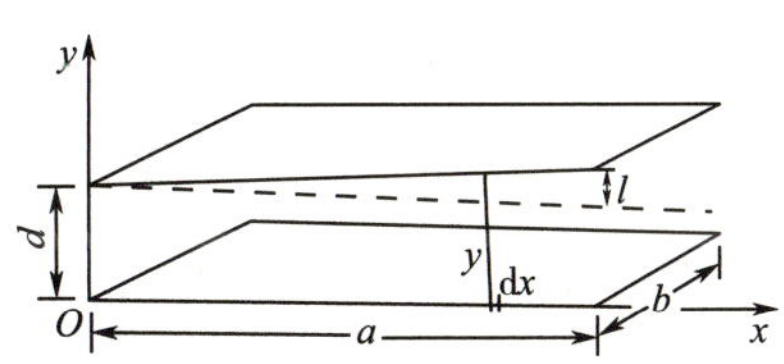

图 8

恒定磁场与磁力

笔记

班级______________　　学号______________　　姓名______________

（1）如图 1 所示，一长直导线 $ABCDE$，通有电流 I，中部一段弯成圆弧形，半径为 a，$\beta_2=\beta_2'=60°$，求圆心处的磁感应强度。

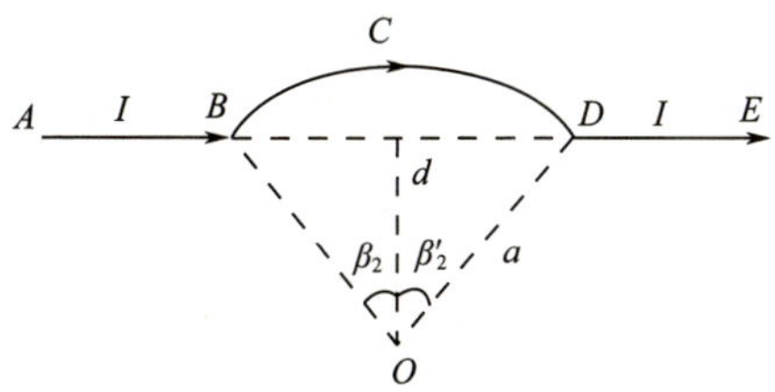

图 1

（2）一正方形载流线圈，边长为 a，通以电流 I。如图 2 所示，试求过其中心 O 且垂直于线圈平面的 x 轴上的任意 P 点处的磁感应强度。

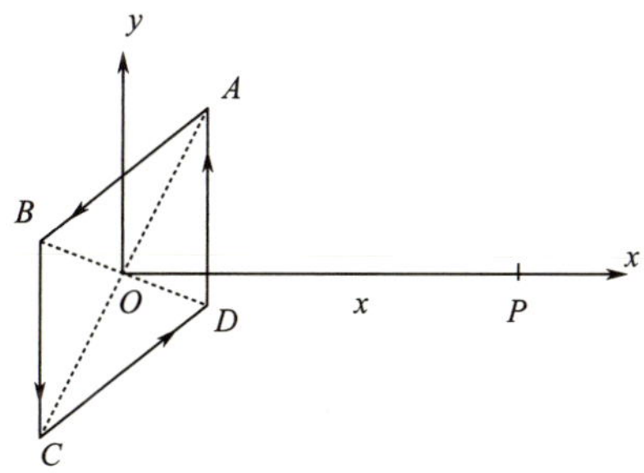

图 2

恒定磁场与磁力

笔记

班级______________　　学号______________　　姓名______________

（3）如图 3 所示，在顶角为 2θ 的圆锥台上均匀地密绕着线圈，单位垂直高度上的匝数为 n，圆锥台上、下底的半径分别为 r 和 R。如线圈通以电流 I，试求顶角 O 点处的磁感应强度。

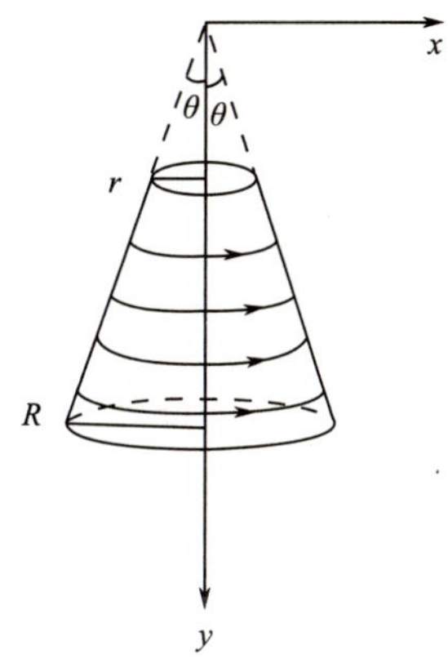

图 3

（4）一长直薄铜皮，宽度为 a，弯成一直角，如图 4 所示。在直角延长线上，离铜皮的一边距离为 r 处有一 P 点。求当薄铜片内均匀流过电流 I 时 P 处的磁感应强度。

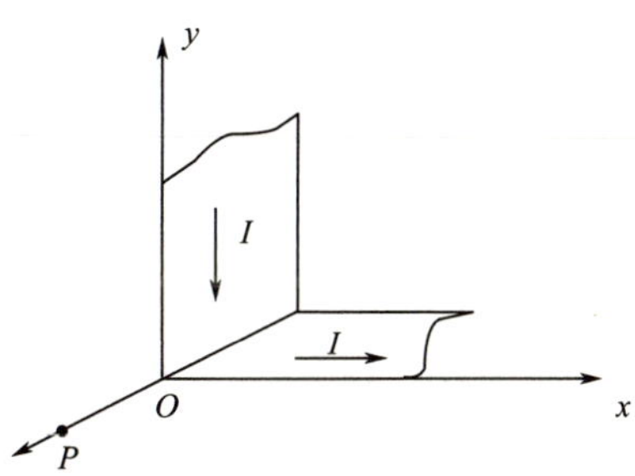

图 4

恒定磁场与磁力

笔记

班级______________　　学号______________　　姓名______________

（5）半径为 R 的球面均匀带电，电荷面密度为 σ，该球面以匀角速度 ω 绕它的直径旋转，求球心处的磁感应强度。$\left[\text{积分公式} \int \sin^3 x\mathrm{d}x = -\frac{1}{3}\cos x(\sin^2 x + 2)\right]$

（6）内半径为 R_1、外半径为 R_2 的无限长圆筒形导体，通有沿轴向、在横截面上均匀分布的电流 I，导体的磁导率为 μ_0。今取长为 l、宽为 $2R_2$ 的矩形平面 $ABCD$，AD 正好在导体的轴线上，如图 5 所示，求通过 $ABCD$ 平面的磁通量为多少？

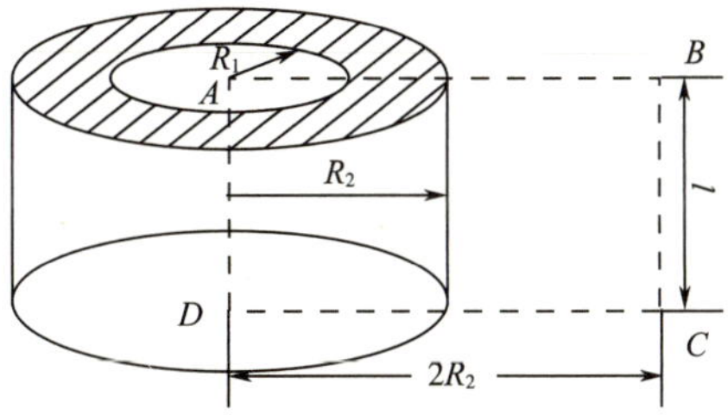

图 5

恒定磁场与磁力

笔记

班级______________　　学号______________　　姓名______________

（7）如图 6 所示，一无限长直导线通有电流 I_1，其旁边放有一直角三角形回路，回路中通有电流 I_2，回路与长直导线在同一平面内。求：Q1：电流 I_1 的磁场分别作用在回路各段上的安培力；Q2：通过三角形回路的磁通量。

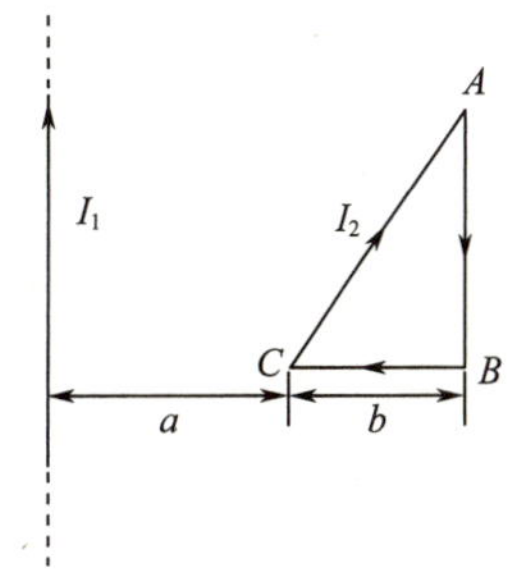

图 6

（8）截面面积为 S 、密度为 ρ 的铜导线被弯成正方形的三边，可以绕水平轴 OO' 转动，如图 7 所示。导线放在方向竖直向上的匀强磁场中，当导线中的电流为 I 时，导线离开原来的竖直位置偏转一个角度 θ 而平衡。求导线所处匀强磁场的磁感应强度。若 $S = 2\text{mm}^2$，$\rho = 8.9\text{g/cm}^3$，$\theta = 15°$，$I = 10\text{A}$，则磁感应强度的大小为多少？

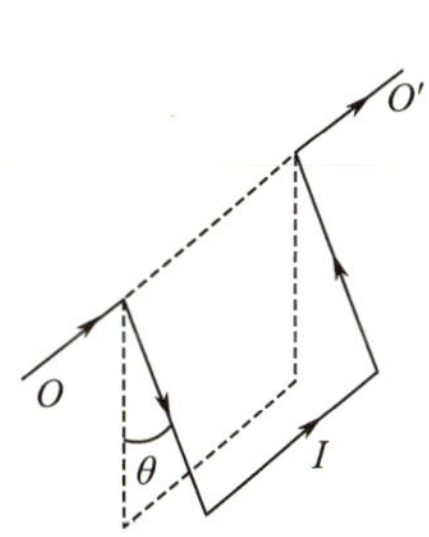

图 7

恒定磁场与磁力

笔记

班级______________ 学号______________ 姓名______________

(9) 空气中有一半径为 r 的无限长直圆柱金属导体，竖直线 OO' 为其中心轴线。在圆柱体内挖一个直径为 $r/2$ 的圆柱空洞，空洞侧面与 OO' 相切，在未挖洞部分通以均匀分布的电流 I，方向沿 OO' 向下，如图 8 所示。在距轴线 $3r$ 处有一电子（电荷为 $-e$）沿平行于 OO' 轴方向、在中心轴线 OO' 和空洞轴线所决定的平面内，向下以速度 v 飞经 P 点。求：电子经 P 点时，所受的磁场力。

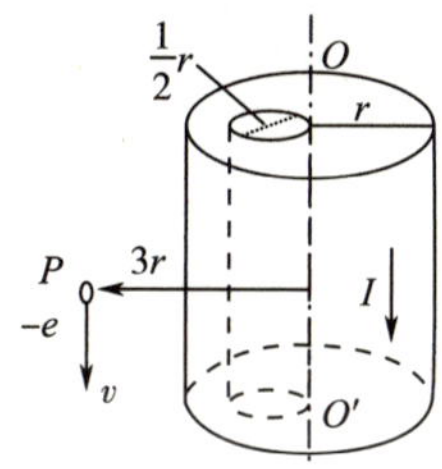

图 8

(10) 一块长方体半导体样品，如图 9 所示，沿 x 轴方向通有电流 I，在 z 轴方向加有均匀磁场 $\boldsymbol{B}$。这时的试验数据为 $a = 0.10\text{cm}$，$b = 0.35\text{cm}$，$c = 1.00\text{cm}$，$I = 1.0\text{mA}$，$B = 0.3\text{T}$，片两侧的电势差 $V_{AA'} = 6.55\text{mV}$。求：Q1：这块半导体是 P 型半导体（正电荷导电）还是 N 型半导体（负电荷导电）？Q2：载流子浓度（单位体积内的带电粒子数量）。

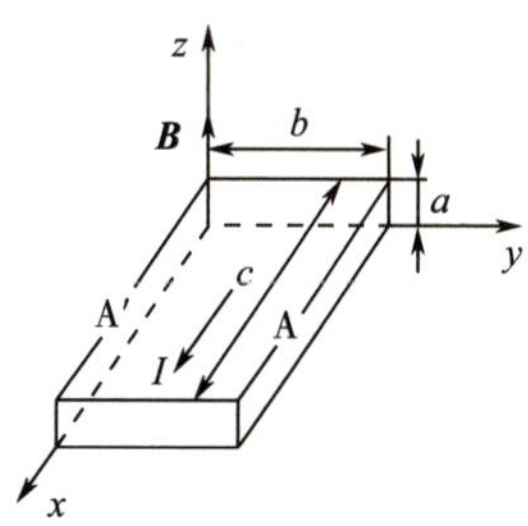

图 9

电磁感应

笔记

班级______________ 学号______________ 姓名______________

（1）磁场沿 x 方向，磁感应强度大小为（$10-y$）T，在 yOz 平面内有一矩形线框，在 $t=0$ 时的位置如图 1 所示，线框从静止开始，以 $a=5\text{m}\cdot\text{s}^{-2}$ 的加速度平行于 y 轴运动，求线框中的感应电动势与时间 t 的函数关系。

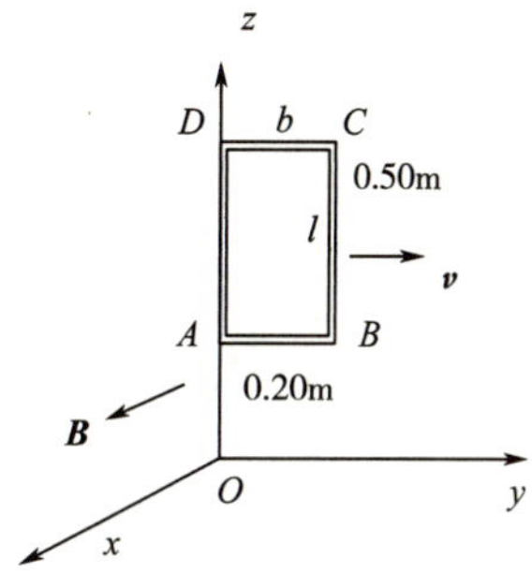

图 1

（2）如图 2 所示，半径分别为 R 和 r 的金属圆环共轴放置，且 $R\gg r$，在大圆环中有恒定电流，而小圆环则以恒定速度 $\boldsymbol{v}$ 沿轴线方向运动，如图 2 所示，试求当小圆环运动到什么位置时，其内部的感应电流为最大。

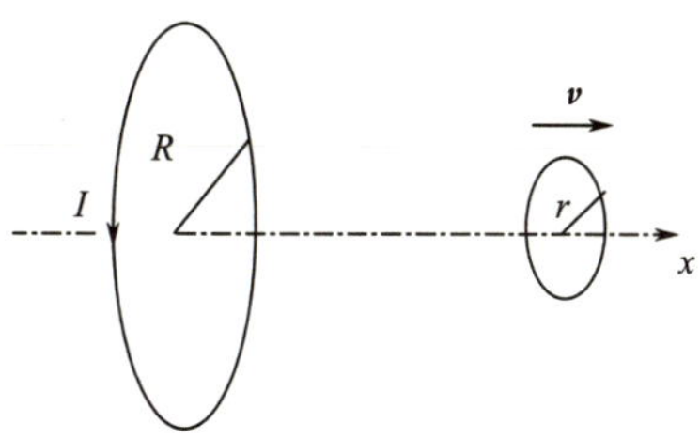

图 2

电磁感应

笔记

班级______________　　学号______________　　姓名______________

（3）如图 3 所示，在通有电流 I 的无限长直导线附近，有一直角三角形线圈 ABC 与其共面，并以速度 $\boldsymbol{v}$ 垂直于导线运动，求当线圈的 A 点距导线为 d 时，线圈中的感应电动势的大小及方向。已知 AB 的长度为 b，AC 与 CB 的夹角为 θ。

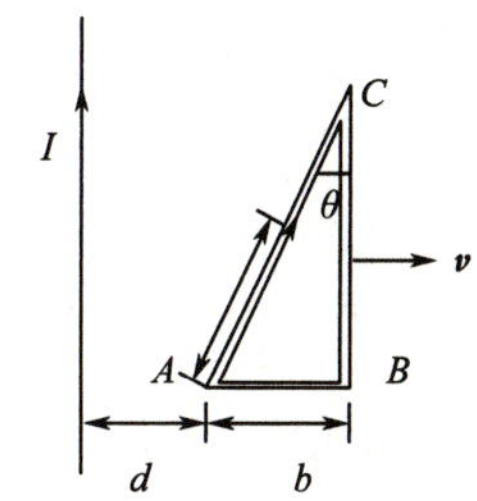

图 3

（4）如图 4 所示，在水平放置的光滑平行导轨上，放置质量为 m 的金属杆，其长度 $ab=l$，导轨一端由一电阻相连（其他电阻忽略），导轨处于大小为 $\boldsymbol{B}$、方向垂直线面向内的均匀磁场中，当杆以初速度 $\boldsymbol{v}_0$ 向右运动时，求金属杆能够移动的距离。

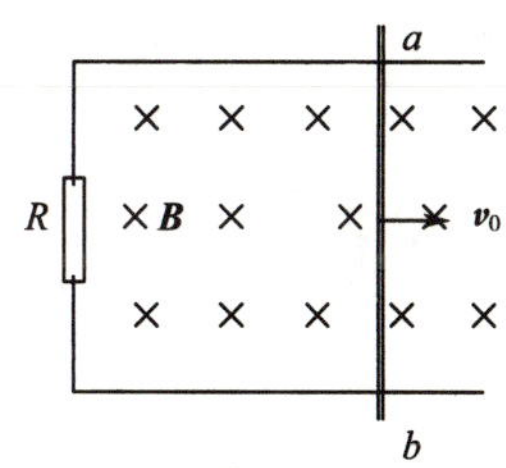

图 4

电磁感应

笔记

班级______________　　学号______________　　姓名______________

（5）如图 5 所示，在与均匀磁场垂直的平面内有一折成 α 角的 V 型导线框，其 MN 边可以自由滑动，并保持始终与其他两边接触。使 MN 垂直于 ON，当 $t=0$ 时，MN 由 O 点出发，以匀速 $\boldsymbol{v}$ 平行于 ON 滑动，已知磁场随时间的变化规律为 $B=t^2/2$，分别求 t 时刻线框中的动生电动势、感生电动势及总感应电动势。

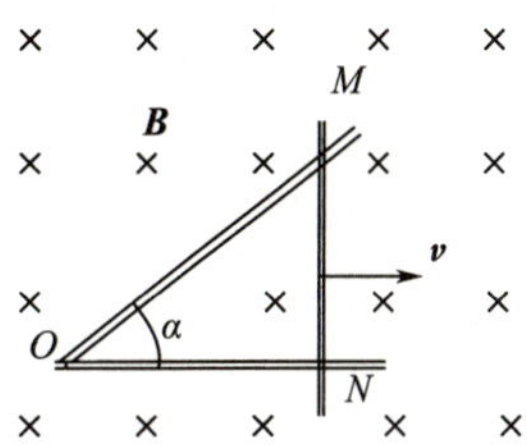

图 5

（6）如图 6 所示，真空中一无限长直导线通有电流 $I=I_0e^{-\lambda t}$（式中 I_0、λ 均为大于 0 的常量，t 为时间），有一带滑动边的矩形导线框与长直导线平行共面，二者相距 a。矩形线框的滑动边与长直导线垂直，其长度为 b，并且以匀速 $\boldsymbol{v}$（方向平行长直导线）滑动。若忽略线框中的自感电动势，并设开始时滑动边与对边重合，试求任意 t 时刻矩形线框内的感应电动势，并讨论其方向。

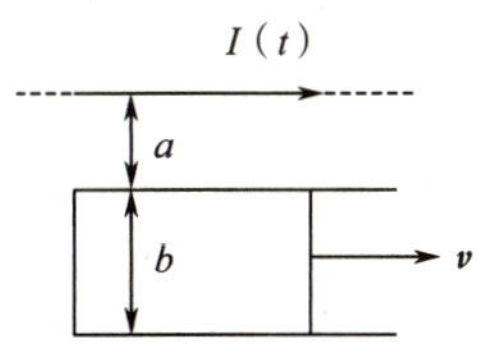

图 6

电磁感应

笔记

班级______________　　学号______________　　姓名______________

（7）如图 7 所示，限定在一个圆柱形体积内的均匀磁场，磁感应强度为 $\boldsymbol{B}$，圆柱的半径为 R。假设 $\boldsymbol{B}$ 以 100Gs/s 的恒定速率减小。当把一个电子分别放在图中磁场的 a 点、b 点（磁场横截面的圆心）与 c 点处时，试求电子所能获得的瞬时加速度（大小、方向）各为多少？假设图中 a 点与 c 点距 b 点的距离 r 均为 5cm，且电子在上述各点的初速度均为 0。

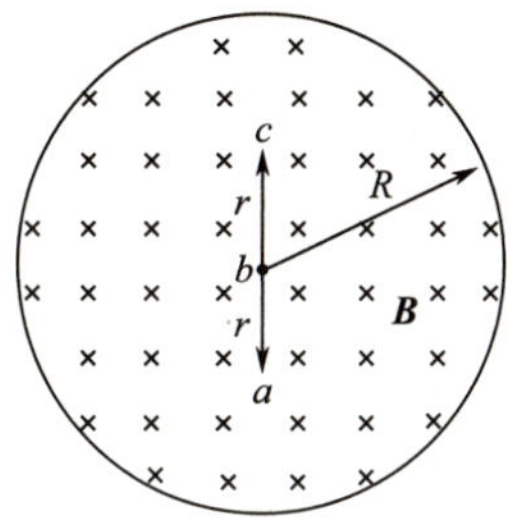

图 7

（8）一长直螺线管长 $l = 100$cm，截面面积 $S = 1\text{cm}^2$，线圈的匝数 $N_1 =$ 1000 匝。在其中央部分绕一副线圈 $N_2 = 10$ 匝，如图 8 所示，管内可视为真空。假设线圈 1 中通以交变电流 $I = I_0\sin2\pi ft$，其中 $I_0 = 1$A，$f = 50$Hz。求：Q1：1、2 线圈之间的互感系数；Q2：副线圈 2 中的感生电动势。

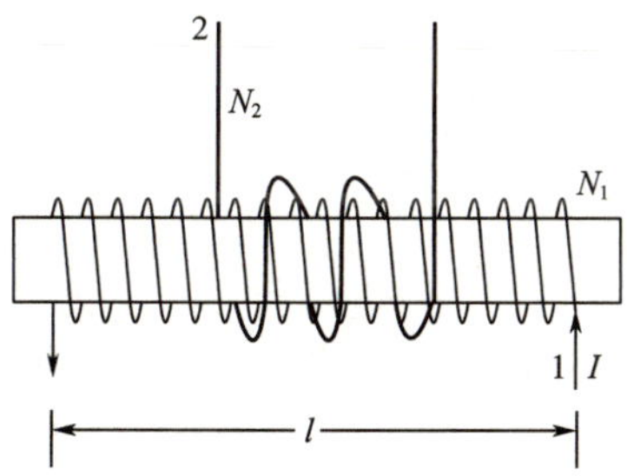

图 8

电磁感应

笔记

班级______________　　学号______________　　姓名______________

（9）一截面为矩形的螺绕环，总匝数为 N，其余参数如图 9 所示。现沿其轴线 OO' 放一根长直导线，求长直导线与螺绕环的互感系数。

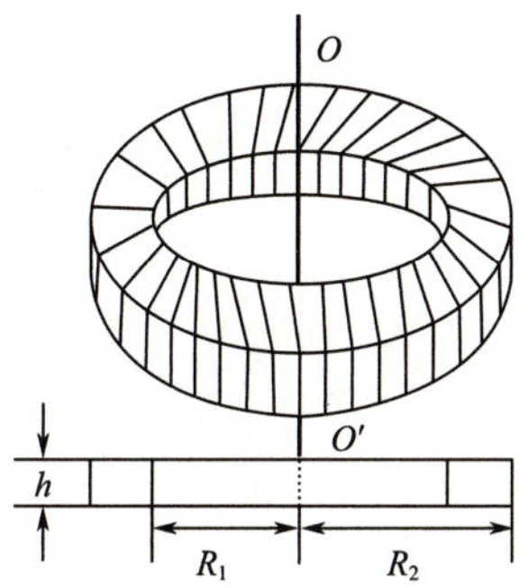

图 9

（10）如图 10 所示，一个半径为 r 的非常小的圆环，在初始时刻与半径为 r'（$r' \gg r$）的很大的圆环共面而且同心，今在大环中通以恒定的电流 I'，而小环则以匀角速度 $\boldsymbol{\omega}$ 绕着一条直径转动。设小环的电阻为 R。试求：Q1：小环中的感应电流；Q2：使小环做匀角速度转动时需作用在其上的力矩；Q3：大环中的感应电动势。

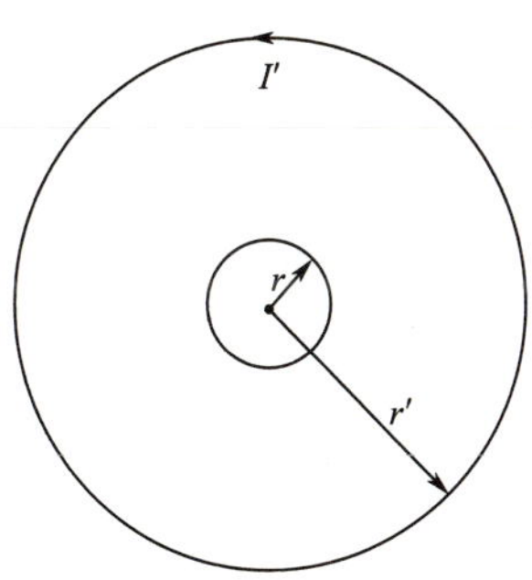

图 10

光　学

笔记

班级______________　　　学号______________　　　姓名______________

（1）如图 1 所示，点光源 P 位于一玻璃球中心点左侧 25cm 处。已知玻璃球半径是 10cm，折射率为 1.5，空气折射率近似为 1，求像点的位置。

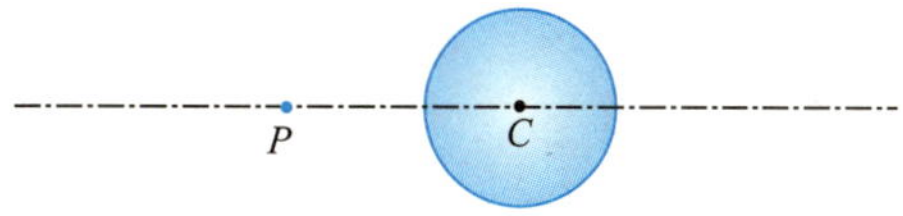

图 1

（2）有一薄凸透镜对某一实物成一倒立实像，像高为物高的一半，将物向透镜移近 100mm，则所得的像与物同样大小，求该薄凸透镜的焦距。

光　学

笔记

班级______________　　学号______________　　姓名______________

（3）在双缝实验中，两缝分别被折射率为 n_1 和 n_2 的透明薄膜遮盖，两者的厚度均为 e，波长为 λ 的平行单色光垂直照射到双缝上，在屏中央处，求两束相干光的相位差。

（4）如图 2 所示，在双缝干涉实验中，若用薄玻璃片（折射率 $n_1 = 1.4$）覆盖缝 S_1，用同样厚度的玻璃片（折射率 $n_1 = 1.7$）覆盖缝 S_2，将使原来未放玻璃时屏上的中央 0 级明条纹处变为第 5 级明纹。设单色光波长 $\lambda = 480\text{nm}(1\text{nm} = 10^{-9}\text{m})$，求玻璃片的厚度 d（可认为光线垂直穿过玻璃片）。

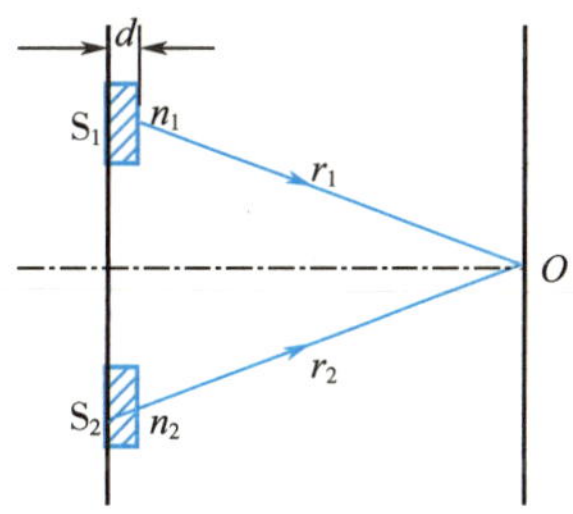

图 2

光 学

笔记

班级______________ 学号______________ 姓名______________

(5) 在双缝干涉实验中，用波长 $\lambda = 500\text{nm}$ ($1\text{nm} = 10^{-9}\text{m}$) 的单色光垂直入射到双缝上，屏与双缝的距离 $D = 200\text{cm}$，测得中央明纹两侧的两条第 10 级明纹中心之间距离为 $\Delta x = 2.20\text{cm}$，求两缝之间的距离 d。

(6) 从空气中垂直入射的白光在肥皂膜上反射，在可见光谱中 630nm 处有一干涉极大，而在 525nm 处有一干涉极小，在极大与极小之间没有另外的极小，假定膜的厚度是均匀的，试问膜的厚度是多少？已知肥皂膜的折射率为 1.33。

光　学

笔记

班级______________　　学号______________　　姓名______________

（7）用波长 $\lambda=500\text{nm}$ 的单色光垂直照射在由两块玻璃板（一端刚好接触成为劈尖）构成的空气劈尖上，劈尖角 $\theta=2\times10^{-4}\text{rad}$。如果劈尖内充满折射率为 1.40 的液体。求：从劈棱数起的第 5 个明纹在充入液体前后移动的距离。

（8）在实际过程中要测量一工件表面的平整度，将一平晶（非常平的标准玻璃）放在待测工件上，使其间形成劈形空气膜，现用波长 500nm 的光垂直照射，测得如图 3 所示的干涉条纹，问：Q1：不平处是凸的还是凹的？Q2：如果相邻明条纹间距 $l=2\text{mm}$，条纹最大弯曲处与该条纹的距离 $t=0.8\text{mm}$，则不平处的高度或深度是多少？

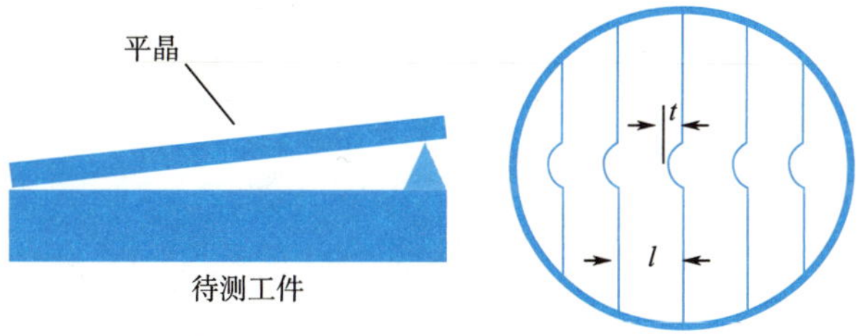

图 3

光　学

笔记

班级______________　　学号______________　　姓名______________

（9）在牛顿环装置的平凸透镜和平玻璃板之间充满折射率 $n=1.33$ 的透明液体（设平凸透镜和平玻璃板的折射率都大于 1.33），凸透镜的曲率半径为 300cm，波长 $\lambda=650\text{nm}$（$1\text{nm}=10^{-9}\text{m}$）的平行单色光垂直照射到牛顿环装置上，凸透镜顶部刚好与平玻璃板接触。求：Q1：从中心向外数第 10 个明环所在处的液体厚度 e_{10}；Q2：第 10 个明环的半径 r_{10}。

（10）已知一球面凹镜的曲率半径为 102.8cm，将一块平凸透镜的凸面放在凹镜的凹面上，如图 4 所示。如果用波长为 589.3nm 的钠光照射，可观察到牛顿环，并测得第 4 级暗环的半径为 2.250cm，求平凸透镜的曲率半径。

图 4

光 学

笔记

班级______________ 学号______________ 姓名______________

（11）有两个平凸透镜，其中一个曲率半径为 R_1，另一个曲率半径未知。将其凸面相对的接触于 O 点，且两平面平行，用波长为 λ 的单色光垂直照射，可观察到一系列干涉条纹，测得第 k 级干涉明纹半径为 r_k，求第 2 个凸透镜的半径 R_2（设 R_1、$R_2 \gg r_k$）。

（12）平行单色光垂直入射到缝宽 $a=1.5\times10^{-4}$m 的单缝上，缝后有一焦距为 $f=0.4$m 的凸透镜，在其焦平面上放置观察屏。现测屏上中央明纹两侧的两个第 3 级暗纹之间的距离为 8×10^{-3}m，求入射光的波长。

光 学

笔记

班级______________ 学号______________ 姓名______________

（13）用波长 $\lambda = 632.8\text{nm}$（$1\text{nm} = 10^{-9}\text{m}$）的平行光垂直照射单缝，缝宽 $a = 0.15\text{mm}$，缝后用凸透镜把衍射光会聚在焦平面上，测得第 2 级与第 3 级暗条纹之间的距离为 1.7mm，求此透镜的焦距。

（14）波长为 600nm 的单色光垂直入射在一光栅上，第 2、3 级明条纹分别出现在 $\sin\theta = 0.20$ 处与 $\sin\theta = 0.30$ 处，第 4 级缺级。求：Q1：光栅常量；Q2：光栅上狭缝的宽度；Q3：屏上实际呈现的全部级数。

光　学

笔记

班级______________　　　学号______________　　　姓名______________

（15）波长分别为 $\lambda_1=400\text{nm}$ 和 $\lambda_2=600\text{nm}$ 的两平行单色光同时垂直照射到某一光栅上，实验发现，除中央明纹外，此两种光的谱线第 2 次重合于衍射角 30°方向上。求：Q1：此光栅常量；Q2：分别最多能看到几级光谱？

（16）用每厘米有 5000 条狭缝的平面透射光栅观察钠光谱（波长为 589nm），光以入射角 30°入射，各级衍射主极大的衍射角 θ 的值为多少，最多能看到第几级光谱？

光　学

笔记

班级______________　　　学号______________　　　姓名______________

（17）如果让你设计一架太空望远镜对木星进行观察，已知木星离地球的最近距离是 5.93×10^{8}km，要分辨木星上相距为 250km 的两物体，望远镜的直径至少为多大？（设波长为 500nm ）

（18）波长为 0.097nm 的 X 射线以与晶面成 30°的掠射角入射时，出现第 1 级明纹；另一未知波长的 X 射线以与晶面成 60°的掠射角入射时，出现第 3 级明纹，求未知 X 射线的波长。

光 学

笔记

班级______________ 学号______________ 姓名______________

（19）有 3 个偏振片叠在一起，已知第 1 个和第 3 个的偏振化方向互相垂直。一束光强为 I_0 的自然光垂直入射在偏振片上，求：第 2 个偏振片与第 1 个偏振片的偏振化方向之间的夹角为多大时，该入射光连续通过 3 个偏振片之后的光强为最大。

（20）用两个偏振片使一束光强为 I_0 的线偏振光的振动面旋转 90°，试问：Q1：两块偏振片应如何放置才能达到目的；Q2：透过两块偏振片后的线偏振光，其光强最大为多少？

狭义相对论力学基础

笔记

班级______________　　学号______________　　姓名______________

（1）两座走时率相同的钟 A 和 B，相对静止。A 钟示数为 0s 时发射一光信号（事件 0）；B 钟接收到信号（事件 1）后立刻将信号反射回 A 钟，此时 B 钟的示数为 1.5s；A 钟接收到反射信号时的示数为 6s（事件 2）。求：Q1：求 B 钟接收到信号时，A 钟的示数（事件 3）；Q2：如何调整 B 钟，使两座钟的时间对准；Q3：以事件 0 为时空坐标原点，求事件 1、2、3 的时空坐标；Q4：求两座钟之间的空间距离 l。

（2）设上题描述的一系列物理事件发生在 S 参考系，有另一参考系 S′相对 S 系沿 A 指向 B 的方向以 0.6 倍光速运动。求：Q1：根据洛伦兹变换，求这些事件在 S′系的时空坐标；Q2：分别在 S 系和 S′系下，比较事件 1 和事件 3 是否同时发生；Q3：在 S′系下求事件 0、1、2 之间的时间间隔，并与 S 系下的结果相比较；Q4：根据上一问求得的时间间隔，在 S′系下求两座钟之间的空间距离 l'。

狭义相对论力学基础

笔记

班级______________　　学号______________　　姓名______________

（3）若上题中一系列物理事件发生在 S′参考系，在 S 系（相对运动速度为 0.6c）下观察。求：Q1：根据洛伦兹变换，求这些事件在 S 系的时空坐标（t_i，x_i）；Q2：分别在 S 系和 S′系下，求事件 1（B 钟接收到信号）发生的同时 A 钟的示数；Q3：考察任意两个事件之间的时空间隔［$\Delta s^2 = (x_i - x_j)^2 - c^2 (t_i - t_j)^2$］在时空坐标变换下是否保持不变，即 $\Delta s^2 = \Delta s'^2$；Q4：考察在时空坐标变换下事件 0、1、2 的时间顺序是否发生变化。

（4）参考系 S′相对于 S 系以速率 u 沿 x 轴正向运动，在 S′系下测得，相对此系静止的点光源向周围均匀发光。试利用相对论速度变换在 S 系下回答下列问题。求：Q1：沿 x 轴正向和负向光束的速度大小和方向；Q2：垂直于 x 轴方向的速度大小和方向；Q3：任意方向的速度大小和方向；Q4：等相位面的形状及等相位面上的强度分布是否均匀。

狭义相对论力学基础

笔记

班级______________　　学号______________　　姓名______________

（5）地面系观察到两艘飞船长度均为 l，以 $0.5c$ 和 $-0.5c$ 的速度相向飞行，两船头相遇时为各参考系的计时起点。两船擦肩而过，船尾相遇时为计时终点。求地面系和飞船系下分别测得的时间间隔。

（6）地面系观察到长度分别为 l_1 和 l_2，速度分别为 v_1 和 v_2（$v_1>v_2>0$）的两艘飞船。飞船 1 的船头追上 2 的船尾时开始计时，飞船 1 的船尾超过 2 的船头时结束计时。求地面系、飞船 1 系和飞船 2 系下分别测得的时间间隔。

狭义相对论力学基础

笔记

班级______________ 学号______________ 姓名______________

（7）一装有无线电发射和接收装置的飞船以 0.8c 的速度飞离地球。宇航员发射一无线电信号，60s 后接收到地球反射的信号，求：Q1：当信号被地球反射时，飞船系测量的地球到飞船的距离；Q2：当飞船接收到反射信号时，地球系测量的飞船到地球的距离。

（8）一装有无线电发射和接收装置的飞船以速度 v 飞离地球。地球每隔一年发出一份电报，宇航员接收到电报后立刻回电。求宇航员接收电报的周期和地球接收回电的周期。若将发报周期、接收周期、回电周期和接收回电的周期都缩短为电磁波的周期，试推出电磁波的纵向多普勒效应（发射频率与接收频率、发射波长与接收波长的关系）。

狭义相对论力学基础

笔记

班级______________　　学号______________　　姓名______________

（9）一正方形线框，线密度均匀分布，相对于 S 系以速度 v 沿一边运动。求 S 系下测量的线密度分布。

（10）求下列 3 种情况下电子（动量为 P，静质量为 m_0）的动能、速度。求：Q1：$P=0.01m_0c$；Q2：$P=m_0c$；Q3：$P=100m_0c$。

狭义相对论力学基础

笔记

班级______________　　学号______________　　姓名______________

（11）正负电子对湮灭产生一对光子，反应前正负电子的动能总量为 E_{k0}，忽略势能。求反应后光子的动能总量（电子的静质量为 m_0）。

（12）实验室系（S 系）下观察到两个总能量和动量分别为（E，P）和（E，$-P$）的粒子聚变为一个粒子。求：Q1：求反应前两粒子的静质量和速度；Q2：求反应后粒子的总能量、动量、静质量；Q3：若选择相对其中一个粒子静止的参考系为 S′系，在 S′系下求反应前后各粒子的总能量与动量（E'，P'），并比较 $E^2-P^2c^2$ 与 $E'^2-P'^2c^2$；Q4：总结 S 系和 S′系下列哪些物理量守恒（总能量、动量、速度、质量、动能）。

量子力学

笔记

班级________　　学号________　　姓名________

（1）光电管的阴极由逸出功 $A=2.2\text{eV}$ 的金属制成，现用一单色光照射此光电管，阴极发射出光电子，测得遏止电势差为 $|U_a|=5.0\text{V}$，求：Q1：光电管阴极金属的光电效应红限波长；Q2：入射光波长。

（普朗克常量 $h=6.63\times10^{-34}\text{J}\cdot\text{s}$，基本电荷 $e=1.6\times10^{-19}\text{C}$）

（2）波长为 λ 的单色光照射某金属 M 表面发生光电效应，发射的光电子（电荷绝对值为 e，质量为 m）经狭缝 S 后垂直进入磁感应强度为 $\boldsymbol{B}$ 的均匀磁场（图 1），现已测出电子在该磁场中做圆周运动的最大半径为 R。求：Q1：金属材料的逸出功 A；Q2：遏止电势差 U_a。

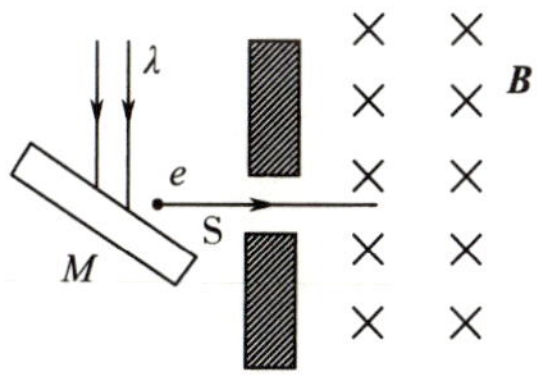

图 1

量子力学

笔记

班级______________　学号______________　姓名______________

（3）图 2 为在一次光电效应实验中得出的曲线，求：Q1：由图中数据求出该金属的红限频率；Q2：求证：对不同材料的金属，*AB* 线的斜率相同。Q3：由图上数据求出普朗克常量 h。

（基本电荷 $e=1.60\times10^{-19}$C）

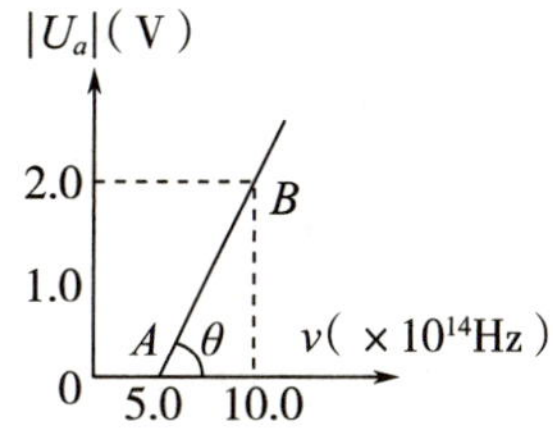

图 2

（4）波长为 $\lambda_0=0.5\times10^{-10}$m 的 X 射线被静止的自由电子所散射，若散射线的波长变为 $\lambda=0.522\times10^{-10}$m，试求反冲电子的动能 E_K。

（普朗克常量 $h=6.63\times10^{-34}$J·s）

量子力学

笔记

班级______________　　学号______________　　姓名______________

（5）用波长 $\lambda_0=1\times10^{-10}$m 的光子做康普顿实验，求：Q1：散射角 $\varphi=90°$ 的康普顿散射波长是多少？Q2：反冲电子获得的动能有多大？

（普朗克常量 $h=6.63\times10^{-34}$J·s，电子静止质量 $m_e=9.11\times10^{-31}$kg）

（6）质量为 m_e 的电子被电势差 $U_{12}=100$kV 的电场加速，如果考虑相对论效应，试计算其德布罗意波的波长。

（电子静止质量 $m_e=9.11\times10^{-31}$kg，普朗克常量 $h=6.63\times10^{-34}$J·s，基本电荷 $e=1.60\times10^{-19}$C）

量子力学

笔记

班级______________　　学号______________　　姓名______________

（7）以速度 $v = 6\times10^{3}\mathrm{m/s}$ 的电子射入场强为 $E = 5\mathrm{V/cm}$ 的匀强电场中加速，为使电子波长 $\lambda = 1\mathrm{\AA}$，电子在此场中应该飞行多长的距离？

（8）一中子束通过晶体发生衍射。已知晶面间距 $d = 7.32\times10^{-2}\mathrm{nm}$，中子的动能 $E_{\mathrm{k}} = 4.20\mathrm{eV}$，求对此晶面簇反射方向发生 1 级极大的中子束的掠射角。

量子力学

笔记

班级______________　　学号______________　　姓名______________

(9) 电视显像管中电子的加速电压为 10kV，电子枪的枪口直径设为 0.01cm，试求电子射出电子枪后的横向速度的不确定度。

$\left(\text{不确定关系 } \Delta p_x \Delta x \geqslant \frac{\hbar}{2}\text{，普朗克常量 } h=6.63\times10^{-34}\text{J}\cdot\text{s，电子静止质量 } m=9.11\times10^{-31}\text{kg}\right)$

(10) 设电子的位置不确定度为 0.1Å，计算它的动量的不确定度；若电子的能量约为 1keV，计算电子能量的不确定度。

$\left(\text{不确定关系 } \Delta p_x \Delta x \geqslant \frac{\hbar}{2}\text{，普朗克常量 } h=6.63\times10^{-34}\text{J}\cdot\text{s}\right)$

量子力学

笔记

班级______________　　学号______________　　姓名______________

（11）氢原子的吸收谱线 $\lambda = 4340.5\text{Å}$ 的谱线宽度为 10^{-2}Å，计算原子处在被激发态上的平均寿命。

（12）当氢原子从某初始状态跃迁到激发能（从基态到激发态所需的能量）为 10.19eV 的激发态上时，发出一个波长为 486nm（$1\text{nm} = 10^{-9}\text{m}$）的光子，求初始状态氢原子的能量。

量子力学

笔记

班级______________ 学号______________ 姓名______________

（13）计算一维无限深势阱中基态粒子处在 $0 < x < L/3$ 的概率。设粒子的势能分布函数为：

$$\begin{cases} U(x) = 0, & 0 < x < L \\ U(x) = \infty, & x < 0 \text{和} x > L \end{cases}$$

（14）一个质子放在一维无限深势阱中，阱宽 $L = 10^{-14}\,\mathrm{m}$，求：Q1：质子的零点能量有多大？Q2：由 $n = 2$ 态跃迁到 $n = 1$ 态时，质子放出多大能量的光子？

量子力学

笔记

班级______________　　学号______________　　姓名______________

(15) 对应于氢原子中电子轨道运动，试计算 $n=3$ 时氢原子可能具有的轨道角动量。

(16) 氢原子处于 $n=2$，$l=1$ 的激发态时，原子的轨道角动量在空间有哪些可能取向？并计算各种可能取向的角动量与 z 轴的夹角。